ALLIANCE DE L'AGRICULTURE AVEC LA RELIGION,

PAR

L'ABBÉ X. DENIS,
RECTEUR DE SAINT-GRÉGOIRE.

Ire PARTIE.

RENNES,
IMPRIMERIE DE H. VATAR.
1863.

ALLIANCE
DE L'AGRICULTURE
AVEC
LA RELIGION.

ALLIANCE

DE

L'AGRICULTURE

AVEC

LA RELIGION,

PAR

L'ABBÉ X. DENIS,

RECTEUR DE SAINT-GRÉGOIRE.

1re PARTIE.

RENNES,

IMPRIMERIE DE H. VATAR.

1863.

AVANT-PROPOS.

Un caractère distinctif de notre époque, c'est l'impulsion donnée de toutes parts à l'agriculture. Nulle province en France où elle ne se déploie aujourd'hui dans tout son éclat. Vers elle se portent tous les esprits, ceux-ci par état, ceux-là par plaisir, plusieurs par l'intérêt qui s'y rattache, d'autres enfin par l'instinct d'une puissance gouvernementale qu'ils ont aperçue dans les entrailles du sol, et qu'ils sont désireux de tourner à leur profit.

Toutefois ce serait manquer son but que de ne demander à la terre qu'une force brute avec des biens purement temporels. Elle-même réclamerait contre cette dégradation qu'elle est si loin de mériter. *Sursum corda*, c'est le cri qui s'échappe de son sein. Elevez vos cœurs en abaissant vos bras, dit-elle aux laboureurs. Car je suis cette terre héréditaire qui, me divisant en nombreuses portions, vous offre l'héritage des grandes pensées plus encore que celui des riches moissons. Ne me considérer qu'au point de vue matériel, c'est me faire injure. Ne m'assigner qu'un rôle politique, c'est ne me connaître qu'à demi. Si je suis quelque chose, c'est surtout par le côté religieux. Là se trouve toute ma force. Ailleurs je n'en veux plus avoir, tenant avant tout à rester ce que Dieu m'a faite, quand il a dit aux hommes : Purifiez-vous par le travail de vos mains (1).

Je suis donc une terre de labeur et de purification tout ensemble, une terre sainte qui montre partout écrites à sa surface ces autres paroles des livres sacrés : Ne fuyez point les ouvrages laborieux, ni le travail de la campagne qui a été créé par le Très-Haut (2). J'ai mon cercle où je me renferme pour parler de morale avant de parler de bénéfices. Que l'on sache me comprendre sur ce premier point, et l'on verra si jamais je fais défaut au second.

Telle est aussi l'idée de ce livre. Il se propose de contrebalancer l'entraînement si marqué vers les produits de la terre par le souvenir trop effacé de celui qui la rend féconde. Voir le don sans voir la main qui le dispense, c'est le malheur de nos temps. Un retour à Dieu ne peut donc qu'intéresser les besoins du cœur comme les revenus du sol. Ce retour si nécessaire, les arts bien compris peuvent servir à l'opérer, mais aucun ne l'accomplira plus sûrement que l'agricultnre redevenue religieuse.

(1) Ecclesi. 7. 33. — (2) Ecclesi. 7. 16.

LES ARTS.

Qu'il est magnifique, le spectacle de tous ces arts, pacifiquement rivaux, qui font si noblement aujourd'hui l'honneur de l'humanité ! Leur nombre dépasse l'imagination, leur variété étonne l'intelligence, leur perfectionnement épuise l'admiration. Dans leur multitude presqu'infinie, ils ont parcouru tous les degrés possibles de l'utile et de l'agréable. Peu satisfaits d'avoir répondu tout d'abord aux premiers besoins de l'homme, ils n'ont pas tardé à franchir les limites de la nécessité, pour se répandre dans le champ beaucoup plus vaste du plus grand bien-être en toutes choses où ils ne cessent, chaque jour, de créer de nouvelles merveilles. L'air, la terre et la mer leur sont assujettis. Les uns courent sur les eaux, les autres volent sur le sol avec la rapidité de l'éclair, tandis que ceux-là s'en vont dans les airs ravir à l'aigle lui-même son antique domaine. Rois partout, les arts exercent aujourd'hui une domination souveraine, et les différents peuples d'animaux s'effraient de les rencontrer à chaque pas en leurs contrées si diverses. Ils se demandent, dans leur profonde stupéfaction, où il leur sera donné de se réfugier contre l'envahissement toujours plus grand de la puissance humaine. Les montagnes à leur tour murmurent des injures nombreuses qu'elle leur fait subir.

Autrefois, par exemple, les Alpes s'indignèrent de voir d'illustres capitaines, avec leurs armées triomphantes, franchir leurs sommets escarpés que défendaient pourtant les neiges et les glaces. C'était pour elles comme un déshonneur dont elles ne pouvaient se consoler. Mais que ne disent-elles pas aujourd'hui, en voyant qu'on les attaque, hélas ! avec trop de succès, jusque dans leurs bases ? Vont-elles s'écrouler sous la pioche qui les mine, en les transperçant ? Leur masse énorme, et depuis si longtemps immobile, commence-t-elle à chanceler ? Tout va-t-il s'engloutir ? Est-ce la chute du monde qui s'annonce par l'ébranlement des monts ? — Non. L'art n'a point la prétention d'aller jusque-là, ni de transporter tout-à-coup les montagnes d'un lieu dans un autre. C'est uniquement le privilége de la foi de leur commander d'aller se jeter dans la mer, et de se voir aussitôt obéie (1).

Mais enfin l'art veut un passage à travers les rochers, et il l'aura. Il le demande aux Alpes qui semblent le lui refuser. Il insiste ; elles s'obstinent. N'importe, en dépit de cette obstination, le passage se fera, et deux peuples, séparés par des montagnes gigantesques, se donneront bientôt la main dans leurs flancs épouvantés. Qu'elles pleurent, qu'elles se lamentent, qu'elles fassent entendre au loin leurs profonds gémissements, qu'elles déplorent leur gloire désormais éclipsée, l'entreprise n'en réussira pas moins, et, cette fois, ce ne sera plus la montagne en travail enfantant une souris, mais ce sera la montagne, travaillée par l'art, cet habile opérateur, qui, à son grand étonnement, accouchera d'une locomotive merveilleuse. Brillante sera sa naissance, magnifique son apparition. L'Italie qui la recevra ne pourra que s'extasier à sa vue, lui ouvrant ses vastes états où elle entrera comme souveraine. Avec elle, l'homme ne sera plus, malgré son audace, ce pygmée imperceptible qui se perdait au sommet des Alpes, poids léger dont

(1) Matth. 17, 10.

elles ne faisaient que sourire; mais ce sera ce géant superbe qui, passant sous les Alpes, s'en couronnera comme d'un immense diadème, poids léger aussi qu'il portera avec toute l'aisance du vainqueur.

Quelle victoire, en effet, que de triompher des Alpes par les Alpes, en faisant servir leur masse si rebelle au passage qu'elles refusaient, comme ailleurs on se sert des vents contre les vents eux-mêmes! Mais l'art de la navigation et celui de la locomotion ne connaissent plus rien qui leur résiste, et tous deux ont absorbé l'immensité de l'espace avec la profondeur des mers.

Il n'est donc point trop tôt de vous y préparer, contrées du Midi. Oui, dès maintenant disposez vos fêtes pour qu'elles soient dignes de l'événement. Vous êtes par excellence le pays des arts. Vos peintres, vos sculpteurs et vos architectes font toujours l'admiration du monde. Cependant jamais artiste des temps passés a-t-il conçu cette pensée hardie de plonger dans les montagnes comme l'on plonge dans l'eau, en les voyant se partager, ainsi que l'onde se divise. C'est la merveille de nos jours à laquelle sont conviés tous vos grands hommes d'autrefois, si accoutumés aux grands spectacles. Qu'ils sortent donc de leurs tombeaux pour venir contempler quelque chose de plus admirable que tout ce qu'ils ont vu.

Bientôt elle paraîtra, cette locomotive radieuse, plus souveraine encore que toutes les autres qui pourtant sont reines de l'espace. Partie de France, elle passera en Italie dans toute la gloire de ses conquêtes, brillante de lumière, étincelante de beauté, couronnée de fleurs, et réalisant ce que disent les livres saints des chariots du grand Roi, dont la roue est rapide comme la tempête, *et rotæ ejus quasi impetus tempestatis* (1). Poursuivant sa

(1) Is. v. 8.

course, elle arrivera jusqu'aux pieds du Capitole qui ne pourra que tressaillir à son aspect, en cherchant dans ses gloires antiques, sans toutefois l'y trouver, un triomphe qu'il puisse comparer au sien. Que de vainqueurs il a vus! Que de lauriers il a reçus! Mais c'étaient les lauriers de la guerre, tout dégoûtants encore du sang des ennemis, au lieu que ce seront prochainement les lauriers de la paix qui n'auront coûté que des combats sans remords, et des travaux sans amertume. La guerre, avec trop d'avantage, pourrait aujourd'hui opposer le génie de ses généraux à celui des plus fameux capitaines de l'antiquité; mais cet art, parce qu'il cause les larmes, ne veut point dire tout ce qu'il est, et, se cachant à lui-même ses propres progrès, il laisse aux autres qui sont plus humains, de paraître, de briller, de raconter les bienfaits de la paix avec les douceurs de l'union des peuples. Ce sont eux qui l'emportent pour aller dire au Capitole que les hommes, renonçant désormais à vaincre par les armes, ne veulent plus triompher que des monts et des éléments, pour le plus grand bonheur de l'humanité.

Voilà les arts dans les cavités des montagnes. Mais ces mêmes arts, dans les profondeurs des mers, que ne sont-ils pas encore? Est-ce donc un nouveau Dieu qui paraît, et qui, réformant les lois de l'Ancien des jours (1), donne aux mers de nouvelles limites? Il leur avait été dit par le Créateur: Vous viendrez jusque-là, et vous ne passerez pas plus loin, et vous briserez ici l'orgueil de vos flots (2). Aujourd'hui il leur est dit par le réformateur : Vous reculerez vos limites, en allant bien au-delà servir à mes desseins. Allez donc, partez, courez dès ce moment, vous de ce côté-ci, et vous

(1) Dan. 7. 9. — (2) Job. 38. 11.

de ce côté-là, précipitez-vous l'une vers l'autre, et que deux mers, inconnues entr'elles, viennent mêler leurs ondes étonnées dans le bassin que je leur ai creusé.

Encore une fois, est-ce un Dieu qui parle avec ce ton d'autorité souveraine ? — Non. C'est un homme, tout simplement un homme, mais qui a pour lui l'art dont il dispose en maître.

Que de merveilles avec cet art ! Que de nations éloignées vont se rapprocher ! Quel accord du commencement des temps, alors que tous les hommes ne parlaient qu'une seule et même langue (1), avec leur fin qui semble prochaine, puisqu'il va être donné aux nations de s'entendre encore, et de ne faire qu'un même peuple ; double phénomène où se marque le doigt du Seigneur ! Que de nouveaux prodiges pour cette mer Rouge, si habituée cependant aux grands événements ! Mais que dit-elle de ce qui se passe ? Que pense-t-elle de tous ces préparatifs dont elle est témoin ? Quel est, doit-elle se demander à elle-même, cet étranger qui vient d'arriver sur mes bords, en les considérant avec tant de curiosité ? Que veut-il ? que prétend-il ? Croit-il donc me soumettre à son empire ? Moi, lui obéir ! Moi, reconnaître un homme pour mon maître ! Le temps n'est plus où je pouvais le faire.

Il me souvient, en effet, d'avoir autrefois entendu un Moïse me parler en souverain, et m'ordonner de séparer mes eaux pour laisser passer son peuple ; ce que je fis aussitôt. Mais il avait ses titres pour se faire ainsi obéir. Je le connaissais depuis longtemps. Je savais de quelle part il venait, et au nom de qui il parlait, tandis que celui-ci, sans titre et sans mission, n'est qu'un inconnu qui ne doit s'attendre qu'à la résistance.

(1) Gen. 11. 1.

Ainsi les mers, comme les montagnes, ne savent que s'opposer. On demande un passage à la mer Rouge qui le refuse plus obstinément encore que les Alpes, quoiqu'on lui parle, non de la brusque séparation de ses eaux, mais de leur douce union avec d'autres.

N'importe. Elle refuse pour ne baigner de rivages que ceux qui sont les siens. Ce mélange qu'on poursuit est précisément l'un des grands motifs de sa longue résistance. Que deviendrait la gloire de ses ondes, si elles allaient s'unir à des eaux vulgaires? Toutes ont-elles vu le Seigneur? Toutes l'ont-elles entendu? Toutes ont-elles servi à ses desseins, comme ont fait ses flots? Il est donc un honneur qu'ils doivent maintenir fidèlement, en se gardant de tout mélange impur.

Et en même temps se soulevant jusque dans ses plus profonds abîmes, cette mer Rouge écume, gronde et menace pour mieux se faire entendre, et mieux dire à l'audacieux : N'approche pas.

Il approche cependant, il continue d'avancer, en disant à son tour, aux vents : Taisez-vous; à la mer : Calme-toi (1); et si ce n'est pas l'homme de Dieu qui commande ainsi, c'est du moins l'homme de l'art qui se dispose à donner de nouvelles lois aux mers, avec toute la puissance du génie.

Mais pourquoi ne pas dire que c'est aussi l'homme de Dieu? Tant de grandeur se conçoit-elle sans l'inspiration de Celui qui seul est grand? Tant de hardiesse serait-elle possible à l'homme, si Dieu lui-même ne l'enhardissait? Cet homme, comme le libérateur des Hébreux, n'est-il pas appelé du milieu des flammes? N'a-t-il pas été dit à ce nouveau Moïse (2) : J'ai vu l'affliction de mon peuple qui est en Asie, j'ai entendu le cri qu'il jette à cause de la du-

(1) Marc. 4. 39. — (2) Exo. 3. 7.

reté de ceux qui l'oppriment ? Et sachant quelle est sa peine, je suis descendu pour le délivrer des mains de ses oppresseurs, et le faire passer en une terre bonne et spacieuse. Venez donc, et je vous enverrai au pays des Pharaons, afin que vous mettiez mon peuple en liberté. Ne vous excusez point sur votre impuissance, parce que je serai avec vous, et ce sera là le signe qui vous fera connaître que c'est moi qui vous aurai envoyé : Lorsque vous serez arrivé en Egypte, parlant aux deux mers qui l'environnent, vous leur direz de s'unir, et elles s'uniront aussitôt, en dépit des obstacles.

Ah ! que c'est bien ici le cas de rappeler ce mot si fameux : L'homme s'agite, et Dieu le mène. Voyez en effet, voyez cet homme s'agiter dans l'isthme de Suez, comme Moïse s'agitait devant Pharaon. Voyez les travaux de l'un, et les dix plaies de l'autre. Tous deux s'agitent à leur manière, celui-ci dans le palais et avec sa baguette, celui-là dans le désert et avec sa pioche; mais tous deux sont menés par Dieu qui les fait servir d'instruments à ses desseins. A Moïse, il trace le chemin qu'il doit suivre. A l'homme de nos jours, il marque aussi la route qu'il faut tenir, en lui disant : Par cette voie vous passerez, comme autrefois il disait au maître du monde : Par ce signe vous vaincrez.

Mer Méditerranée, et toi, mer Rouge, toutes deux si accoutumées à venir en aide au Seigneur pour l'accomplissement de ses projets, disposez-vous donc à les servir encore. Plus de résistance ni de fureurs. Apportez au contraire tout ce que vous avez d'empressement, de puissance et de soumission, parce qu'il s'agit des plus hautes pensées de votre Dieu pour le bonheur des hommes. Oui, préparez-vous à porter aux extrémités de la terre le signe du salut. C'est la volonté du Seigneur que vous lui serviez de passage. Les mers sont faites pour la vérité plus encore que pour le commerce. Cette vérité, captive en Egypte, a besoin de se répandre en Judée, et c'est toi, mer Rouge, qui lui prête tes abîmes pour l'aider à sortir d'esclavage. Cette même vérité, trop restreinte en Europe, demande à se dilater en Asie, et c'est encore toi, mer privilégiée, que le Seigneur désigne pour la prendre sur tes flots rapides et la porter à de nouveaux mondes. Souviens-toi donc de ton obéissance première, en oubliant tous tes orages. Autant que tu fus favorable à la vérité, autant te montras-tu terrible à l'idolâtrie, engloutissant Pharaon avec toute son armée, parce qu'ils étaient les ennemis de Dieu (1).

Regarde. Ce n'est point un idolâtre qui paraît sur tes bords. C'est un chrétien, c'est un fils de l'Eglise qui rapporte les arts à leur premier berceau, mais pour qu'ils s'y ennoblissent plus qu'ils n'ont jamais fait ailleurs, par le pieux secours qu'ils vont prêter à la Croix du Sauveur des hommes. Déjà ta sœur a entendu la puissante parole de cet envoyé du Ciel. C'est hier qu'il lui a parlé, en disant devant une assistance nombreuse : Au nom du Dieu trois fois saint qui a rempli toute l'Egypte de l'éclat de ses miracles, je commande aux eaux de la Méditerranée de se répandre dans le lac de Timsah, et ces eaux obéissantes se sont empressées de couler. C'était le passage déjà obtenu. Aussi le cantique d'actions de grâces s'est-il fait entendre à l'heure même dans l'église catholique d'El-Guiser.

Imite cette prompte soumission de la Méditerranée. Que tes rivages, comme les siens, retentissent des chants du *Te Deum*. Voudrais-tu dégénérer de ta foi primitive? N'est-ce pas le même Dieu qui re-

(1) Exo. 14. 28.

vient à toi, avec les enfants de Jacob? Joseph que tu as connu, Joseph, cet illustre gouverneur de l'Egypte, ne revit-il pas, lui et ses frères, dans ce peuple nombreux qui va se presser sur tes bords? Ne sais-tu pas qu'il était la figure de Jésus-Christ dont la Croix aujourd'hui te commande de la laisser passer? Ce Fils de Dieu, que son Père autrefois rappela de ton propre pays (1), c'est plus encore que Moïse, plus que Jonas, plus que Salomon (2). Sa Croix, c'est plus aussi que la baguette toute-puissante du législateur des Hébreux. Amène-lui donc tes flots, comme les rois et les reines lui ont amené leurs sujets (3), et tu auras ta part des conquêtes qu'elle va faire. Quel spectacle se prépare qui ne peut qu'augmenter ta gloire!

Ah! disons-le, sans jamais nous lasser de le redire: Beau, grand et sublime, sera-t-il en effet le spectacle de cette Croix, emblême de vérité, flottant radieuse au-dessus des ondes écumantes! Comme elles s'avanceront respectueusement pour la recevoir, et la porter ensuite aux peuples nombreux qui vont se donner à elle! Cette reine des mers et de la terre veut enfin réunir tous les mondes sous ses lois tutélaires. C'est pourquoi venez, vous qui déjà lui appartenez, venez la voir partir pour ses dernières conquêtes. C'est de France qu'elle s'élance vers l'Extrême-Orient, comme autrefois elle s'élançait vers l'Occident de la montagne du Calvaire. France et Golgotha, deux noms glorieux qui s'allient admirablement dans l'histoire du Christianisme! Saluez d'avance ce nouveau triomphe que la Croix va joindre à tous les autres. Elle vous quitte, sans néanmoins se séparer de vous. Elle ne veut que vous aller chercher des frères inconnus pour que la maison du Père de famille se rem-

(1) Os. 11. 1. — (2) Matth. 12. 48. — (3) Is. 49. 23.

plisse, et que toutes les places soient occupées au banquet nuptial (1).

C'est donc la gloire des arts de se faire les auxiliaires empressés de l'auguste vérité. Servir ici, c'est régner pour eux, et jamais ils ne sont plus rois, ni plus dignes d'admiration, que dans le service qu'ils rendent à la Croix. Ainsi rachètent-ils ce qu'ils ont ailleurs de trop mondain, et font-ils voir, une fois de plus, que leur plus noble usage est de s'employer à la gloire de Dieu. C'est par là que le pinceau et le ciseau se sont immortalisés, par là que l'architecture a su produire ses merveilles. Rivale de ces beaux-arts, la vapeur est venue, de nos jours, unir ses efforts aux leurs, et voilà qu'elle dépasse, par la facilité des communications, tout ce qui s'est fait jusqu'à présent. Le tableau ne parle qu'à la place où il est. Il faut venir de loin pour l'entendre, et s'inspirer de la pieuse pensée qui l'a produit, tandis que la vapeur va dire partout quelle est cette idée, et comment, avec la religion, l'homme s'élève aux plus magnifiques chefs-d'œuvres. Du milieu de ses feux, le Sinaï laisse tomber une loi, belle à la vérité, mais qui ne saurait conduire à la perfection. C'est pour le peuple-enfant, une loi jeune aussi, et qui ne peut que préparer les esprits à quelque chose de plus grand. Celle qui donne aux intelligences tout leur développement, aux âmes toute leur grandeur, aux cœurs toute leur sainteté, c'est donc la loi de l'Evangile, cette loi parfaite, cette loi des forts et des héros, que la vapeur, avec ses torrents de fumée, doit bientôt porter à tous les peuples, en leur disant qu'ils sont frères en Jésus-Christ, par la foi et la morale, par l'esprit de charité, de paix et d'union.

(1) Luc. 14, 24.

Heureuse alliance par conséquent que celle de la religion avec la vapeur, l'une qui possède la vérité, l'autre qui transporte partout ces fervents missionnaires chargés de l'enseigner, avec toutes ces saintes religieuses, bienfaitrices dévouées de l'humanité souffrante ! Autant de héros et d'héroïnes qui demandent chaque jour à la vapeur de les conduire au pays des misères qu'ils ont hâte de soulager.

Qu'est-ce pourtant qui survient ? Quelle est cette force nouvelle plus puissante encore que toutes les autres ? A quoi bon parler des mers et de leur docilité, de la vapeur et de sa rapidité ? Tout n'est-il pas vaincu par cette puissance des cieux que l'art a su faire son humble servante ?

Paraissez donc, merveilleuse électricité. Quittez ces nuages sombres où vous étiez notre effroi. D'ennemie faites-vous amie. Venez à votre tour défendre la grande cause. Prêtez-vous aux recherches de l'art qui veut vous employer à son service. Ce qu'il vous demande, c'est ce que vous possédez par excellence, cette rapidité prodigieuse qui fait de vous la plus prompte de toutes les messagères. Oui, auprès de vous, la vapeur elle-même reste lente et paresseuse. Les chemins de fer ont perdu toute leur vitesse. Leurs chars ne sont pas partis que déjà vous êtes rendue, et les distances qui, avec eux, commençaient à disparaître, avec vous disparaissent tout-à-fait. La terre n'est plus qu'un point pour l'homme comme pour Dieu, et c'est l'art qui a su, en vous enlevant vos forces trop dangereuses, ne vous conserver que celles qui peuvent lui être utiles.

Disons-le bien haut, c'est là son triomphe. En vous utilisant comme il le fait, il s'est surpassé lui-même, et les livres, soit sacrés, soit profanes, ne nous apprennent rien de semblable dans toute l'antiquité. Qu'est-ce donc qui se prépare? Que veut dire ce nouveau signe? Jusqu'à présent l'art demandait à la terre ce dont il avait beson. Maintenant il s'adresse au ciel, et le ciel complaisant lui prête toutes ses forces. Qu'il n'aille pas cependant se tromper sur ce prêt qu'on lui fait.

Il est vrai, Dieu vient de remettre sa foudre aux mains de l'homme, dépôt terrible, si le dépositaire en abuse. Tout ce que fait Dieu, il le fait pour lui-même. *Propter me, propter me faciam, ut non blasphemer, et gloriam meam alteri non dabo* (1). S'il entr'ouvre les mers, en mettant à sec leurs plus profonds abîmes, ou s'il les verse l'une dans l'autre, en établissant par leur union un passage facile, s'il inspire de percer les montagnes, s'il fait de la vapeur un moyen facile de communication, s'il donne à l'électricité plus de rapidité encore, toutes ces choses, il veut qu'elles tournent à sa gloire, et l'on n'est plus dans ses voies du moment qu'on les fait servir à une autre fin.

Sans gronder, sans éclater, sans tuer, que la foudre fasse donc son office sous la haute direction de l'art. Mais qu'elle le fasse, en se souvenant de Dieu qui seul lui a donné ses admirables propriétés. Qu'elle transmette la vérité d'un bout de l'univers à l'autre. Qu'elle fasse que Paris et Pékin se parlent comme deux hommes qui conversent ensemble, mais en traitant du bonheur des peuples et du triomphe de la religion, deux points capitaux que les arts ne doivent jamais perdre de vue.

La pensée, c'est quelque chose de prodigieux. Mais l'électricité, c'est, d'une certaine manière, quelque chose de plus prodigieux encore. Cette pensée est dans l'homme où elle se tient étroitement renfermée. Il la conçoit pour le bonheur

(1) Isa. 48. 11.

d'autrui. Elle a ses désirs qu'elle forme, ses conseils qu'elle veut donner, ses enseignements qu'elle tient pour nécessaires, ses affections qu'elle brûle d'épancher. Mais celui à qui elle destine tout ce qu'elle peut avoir de bon, demeure à cinq mille lieues. Comment se mettre en rapport avec lui? Triste et désolée, cette pensée se voit donc obligée de tout retenir en elle-même, ou d'attendre de la longueur du temps la communication qu'il lui tarde de faire.

Cependant voici que l'électricité vient à elle, en lui disant humblement : Confiez-moi vos sentiments. Malgré la distance des lieux, je les porterai promptement et fidèlement à qui ils s'adressent, et vous rapporterai aussitôt tout ceux qui seront pour vous. Je ne suis pas la pensée ; tant d'honneur ne m'est point accordé ; mais je suis sa prompte messagère qui vole presqu'aussi rapidement qu'elle-même se conçoit. Vous avez un frère au fond de la Chine ; vous vous occupez de lui, vous avez quelque chose à lui dire. Dans moins de cinquante secondes il le saura. Ainsi l'Ange prit par un cheveu de sa tête le prophète Habacuc, et, dans l'impétuosité de son vol, le transporta tout-à-coup sur la fosse aux lions, pour qu'il donnât à Daniel le dîner qu'il venait de préparer pour ses moissonneurs, le ramenant avec la même rapidité, de Babylone en Judée, aux lieux mêmes où il l'avait pris (1). Et c'est là l'un de nos caractères, à nous autres, habitants des cieux, de franchir les distances, comme si elles n'étaient pas.

L'on s'effraie de cette puissance de l'art qui a su enchaîner jusqu'à la foudre elle-même, pour faire jaillir de cette captivité la liberté des peuples. Qu'ils soient libres, tant mieux. Oui, qu'ils soient libres, mais qu'ils le soient pour le bien, et non pour le mal. Qu'on ne fasse pas d'un instrument de salut un

(1) Dan. 14. 35.

moyen de perdition. Que les courants électriques ne soient autre chose que les canaux de la vérité. Alors on les bénira, en demandant à la foudre d'avoir ses éclats.

Tonnez donc, céleste messagère, éclatez, bouleversez, anéantissez, rompez les portes d'airain et les gonds de fer (1), brisez les cœurs, foudroyez les consciences par les saintes maximes de l'Evangile, arrivant avec vous au milieu des peuples. Dites la sagesse, la puissance et la bonté de Dieu, pour amener tous les hommes à l'unité de la foi. Ainsi ne porterez-vous plus la mort avec vous, mais uniquement la vie, et ce sera l'étonnement de la terre de voir que ses habitants sont, par des découvertes si heureuses, dans une communication continuelle de bons rapports, et de sainteté véritable.

Mais si, au lieu du bien, l'électricité était faite la messagère du mal, les cieux irrités la tourneraient aussitôt contre nous. Cette puissance outragée reprendrait toutes ses colères. Des menaces elle passerait aux coups, en nous châtiant avec d'autant plus de rigueur que nous aurions abusé plus insolemment des moyens de salut qu'elle voulait nous procurer. N'ayant point éclaté, comme nous eussions dû le faire, en transport de reconnaissance, elle éclaterait, elle, en maux de toute espèce, et les arts seraient maudits de n'avoir pas compris leur destination. Enfants de l'orgueil, ils subiraient le châtiment des orgueilleux. Que si au contraire ils atteignent leur but, ah! qu'ils seront admirables! Eux aussi sont d'une origine céleste pour n'avoir rien que de céleste dans leur action. Ils viennent de Dieu, mais avec mission de dire ses grandeurs.

Et quelle perfection entr'autres que cette unité qu'il a mise partout comme le caractère le plus dis-

(1) Isa. 45. 2.

tinctif de son être ! N'est-ce pas ce qui a fait dire à l'Auteur sacré : *Non in commotione Dominus* (1), le Seigneur n'habite point dans le trouble? Tout ce qui brise l'unité l'oblige à s'éloigner, tandis qu'il se rapproche des personnes, des lieux et des choses où règne une véritable union. On le trouve dans l'univers dont les rouages si nombreux constituent cependant une si belle unité par leur dépendance commune des lois qui les régissent.

Ainsi le trouve-t-on dans les arts, quand ils sont fidèles à leur origine. Dieu y a mis l'unité comme ailleurs, en les faisant frères entr'eux, pour s'aider mutuellement et tendre au même but. C'est pourquoi ils vivent d'emprunts qu'ils se font réciproquement, mais qu'ils se rendent bientôt avec usure. Cet homme n'est que tisserand, il ne sait qu'ourdir sa toile. C'est là tout son art qui, simple et modeste, ne peut que le laisser à des pensées vulgaires.

Cependant survient un peintre qui lui demande ce qu'il vient de faire. C'est Raphaël dont le génie, à son tour, s'exerce sur cette toile grossière. Quelle transformation ! quelle figure ! quel chef-d'œuvre ! Est-ce bien là cette toile, sortie des mains de l'humble ouvrier ? C'est elle-même, mais avec le pinceau du grand maître. L'artisan oublie son ouvrage pour ne voir que la merveille qui s'y montre. Ses yeux étincèlent, son visage s'anime, son âme s'échauffe, son cœur s'enflamme, son esprit s'illumine, son intelligence s'agrandit. Des soupirs et des larmes s'échappent en abondance. Ce n'est plus le même homme. Il s'étonne de trouver en lui ce qu'il ne soupçonnait pas, de grandes pensées et de nobles sentiments, avec un goût inconnu du beau, du vrai, du sublime. La vie donne la vie. Cette toile où elle respire, donne à cet homme du peuple une vie toute nouvelle.

(1) 3 Reg. 19. 11.

L'art, en venant au secours de l'art, a donc fait deux merveilles à la fois. Il a transformé la toile en un tableau délicieux, changeant aussi l'ouvrier en un homme d'intelligence. Et voilà l'éloquence des arts, l'éloquence de la peinture, de la sculpture, de l'architecture. La toile parle, le marbre respire, la pierre a son langage (1). Leur génie commun impressionne les assistants, en les animant à bien faire. Tout cela n'a lieu cependant qu'autant que les beaux arts traitent des sujets qui puissent élever l'âme.

Mais que sera-ce si ces arts, dans leurs récentes découvertes, les plus étonnantes de toutes, se tiennent à la hauteur de leur mission?

Laissons-là toutes ces gentillesses dont ils embellissent leurs productions dans tous les genres. Chez les grands, chez le petits, partout on les trouve aujourd'hui avec cette élégance inconnue dont ils ont su se parer. Chez les princes surtout, ils font admirer à tout moment le fini de leur travail. Le manteau royal n'a plus rien à désirer. Le diadème lui-même s'étonne de sa magnificence. L'art y a si bien semé les ornements de toutes sortes, que l'œil ne peut plus que s'éblouir.

Tout cela néanmoins ne doit être mis qu'au commun de ses œuvres. C'est l'industrie, toujours ingénieuse, qui raffine sur elle-même. Mais ce qui sort du commun, c'est ce qui se produit dans les grandes manifestations des arts, de l'imprimerie par exemple, de la vapeur, de la navigation et de l'électricité.

L'imprimerie dont il faut aussi dire quelque chose, l'imprimerie!....... Ah! quel vésuve! ou bien quel cénacle! Plus abondantes sont ses productions que les laves du volcan. Celles-ci n'inondent que les environs de la montagne, en y portant trop souvent,

(1) Luc. 19. 40.

il est vrai, la désolation, la destruction et la mort, tandis que les flots qui s'élancent des réservoirs de l'imprimerie s'en vont inonder toute la terre. S'ils ne sont que des eaux sanctifiantes, on s'en réjouira, et l'on aimera toujours à les voir se presser dans ces canaux récemment creusés qui facilitent leur cours déjà si rapide. L'on applaudira de bon cœur aux nouveaux procédés par lesquels l'imprimerie abrège son travail, en multipliant ses œuvres. Mais si elle n'est pas chrétienne, elle cesse aussitôt d'être une invention utile, pour ne devenir que l'œuvre de Satan. Cette puissance terrible va donc neutraliser tout le bien que la vapeur et l'électricité se proposaient de faire. Et ce sera la guerre des arts entr'eux, les uns qui veulent être chrétiens, les autres qui ne le veulent pas, lutte fatale qui brisera violemment l'unité qu'ils devaient avoir, et forcera en même temps le Seigneur de s'éloigner. Car il ne saurait habiter dans le trouble des arts pas plus que dans les divisions des familles.

Déjà si forte par elle-même l'imprimerie va doubler, va tripler ses forces, en mettant à son service pour le mal, ces fameuses découvertes qui devaient faire sa gloire. Dès lors ne parlons plus du débordement des fleuves, ni des ravages qu'ils causent, ni des ruines qu'ils entassent. Il est d'autres débordements mille fois plus funestes, d'autres ruines beaucoup plus lamentables. Le puits de l'abîme s'est ouvert (1), les gouffres se sont élargis (2), et tous ensemble ils ont vomi la mort dans toute l'étendue de l'univers.

Mais n'est-ce point trop s'alarmer? N'est-ce point faire outrage aux arts que de les supposer capables de tant de maux? Eux, si beaux, si admirables, si merveilleux dans leurs grandes manifestations, voudraient-ils dégénérer de leur céleste origine, et

(1) Apoc. 9. 3. — (2) Jér. 46. 7.

de leur fin sublime? Au lieu de se combattre, ils vont plutôt s'unir dans leurs intérêts communs, comme dans ceux de la société qu'ils sont appelés à reformer, de concert avec la réligion, et la vapeur qui siffle, la foudre qui tonne, ne feront entendre leurs éclats que comme l'annonce rassurante des bonnes et grandes choses.

Loin d'être un vésuve, l'imprimerie ne sera qu'un pieux cénacle où brilleront constamment tous les feux de l'auguste vérité, où se tiendront, à la porte, la vapeur et l'électricité, impatientes toutes deux de transmettre partout cette vérité si nécessaire, et de continuer ainsi le ministère des premiers apôtres.

Allez donc, célestes courrières, dans ce concert qui vous honore. Allez et revenez. L'imprimerie sacrée ne saurait tarir. Elle a des sources trop abondantes pour qu'elles viennent jamais à s'épuiser. J'en pourrais nommer plusieurs. Mais, en France, il en est qui me dispensent de citer les autres. Toujours à vos pieux désirs cette noble imprimerie fournira les eaux saintes de la grâce pour rassasier tous ces peuples qui ont faim et soif de la justice (1).

Et maintenant les voyez-vous s'élancer jusqu'aux extrémités du monde? Combien le coursier de Job, tout frémissant qu'il soit, reste en arrière de leur vol si rapide! Il a beau frapper du pied la terre qu'il aspire à dévorer; ses naseaux ont beau jeter des flammes; il a beau dire : Vah! courons et franchissons l'espace. (2) Beaucoup plus promptes que lui, déjà nos deux messagères l'ont franchi; en portant aux nations les trésors de la religion chrétienne.

Puissent ces vœux s'accomplir! Dépositaires de l'évangile, puissent l'imprimerie, la vapeur et l'électricité, ces trois arts par excellence, ces trois filles du ciel, ces trois sœurs en Jésus-Chrit, coopérer partout à son heureuse propagation!

(1) Matth. 5. 6. — (2) Job., 39. 19.

L'AGRICULTURE.

Que ne peut-on pas dire à la louange des beaux-arts? Qu'est-ce que le peu qui vient d'en être rapporté? Ne faudrait-il pas des livres étendus pour publier leurs merveilles? Et encore toutes seraient-elles racontées?

Cependant au-dessus d'eux, avant eux, et après eux, est un art modeste qui n'a rien d'éclatant en lui-même, malgré ses illustrations antiques, qui se cache dans la terre où il travaille, qui ne prétend à rien d'extraordinaire, qui, content de ce qu'il sème, et satisfait de ce qu'il recueille, sait borner ses désirs à ses nécessités, qui ne demande que la paix pour développer dans le silence ses tranquilles progrès, qui ne connaît ni l'envie, ni la gloire, ni les honneurs, qui, se suffisant à lui-même, a moins besoin des autres que les autres n'ont besoin de lui, qui leur laisse la pompe, en prenant les rudes travaux, qui se fatigue à bien faire, sans en attendre plus de considération, et cet art, le moins ambitieux de tous, quoique le plus répandu, est celui de l'*Agriculture*.

C'est assez pour lui d'être l'*alpha* et l'*oméga*, le commencement et la *fin* (1), celui qui a été le premier cultivé, et qui le sera le dernier, après avoir prodigué ses immenses bienfaits à tous les temps comme à tous les lieux. Retiré dans ses humbles travaux, il ne s'occupe point de ce qui se passe ailleurs, et laisse dire tout ce que l'on veut à la

(1) Apoc. 22. 13.

gloire de ces brillantes découvertes qui sans doute méritent des éloges, mais dont les auteurs quelquefois deviennent fiers jusqu'au pédantisme.

Que si pourtant ils s'élèvent trop haut, surtout s'ils se montrent injustes et ingrats jusqu'à traiter ironiquement les pieuses occupations du laboureur, en ramenant tout l'honneur aux villes, aussitôt il intervient pour les remettre à leur place, et ces arts dont on fait tant de bruit, il ne craint pas de les citer à son propre tribunal. C'est alors qu'empruntant les paroles de l'Apôtre, il se décide à faire cette piquante comparaison de lui-même avec eux, en disant : Sont-ils anciens? — Je le suis plus encore. Sont-ils utiles? — Je le suis plus qu'eux. Sont-ils nécessaires? — Je le suis davantage. Sont-ils sanctifiants? — Je le suis au-dessus d'eux. Sont-ils divins (1)? — Quand je devrais passer moi-même pour présomptueux, je suis plus divin encore, je touche de plus près à la Divinité, je suis plus en rapport avec elle, je participe plus intimement à toutes ses merveilles, je ressens plus immédiatement son action toute-puissante, je rends plus de services, je souffre plus de fatigues, j'entreprends plus de travaux, je fertilise plus de pays, j'enrichis plus de contrées, je nourris plus de monde, je répands plus de sueurs, j'offre plus de consolations, je forme plus d'élus.

Montrez vos œuvres, arts fameux, et je montrerai les miennes. Dites vos bienfaits, et je dirai les miens. Nommez vos inventeurs, et je nommerai le mien. D'où êtes-vous? Qui êtes-vous? Depuis quand existez-vous, et pourquoi paraissez-vous? Préparez votre histoire. La mienne est toute faite, et je vais vous la dire.

Je suis dès le commencement, *ab exordio ordi-*

(1) 2 Cor. 11. 22.

nata sum (1). Contemporain du monde, j'ai paru avec lui. L'homme existait à peine que j'étais aussi. Créés l'un pour l'autre, il s'est tourné vers moi, et je me suis donné à lui. C'était la volonté de notre Créateur commun que nous fussions liés ensemble par des nœuds éternels. Il m'était nécessaire pour que je pusse me produire. Mais je lui étais nécessaire à mon tour pour qu'il pût s'occuper aussi utilement qu'agréablement, en fuyant une oisiveté dangereuse. Le Paradis terrestre fut notre séjour commun. Là, je lui apparus en même temps qu'il se fit connaître à moi. Nos intérêts mutuels nous rapprochèrent l'un de l'autre. S'il me rendit service, je ne fus point ingrat, et le payai généreusement des soins qu'il me donna. Un Dieu lui commanda de me chercher ; un Dieu m'accorda de quoi le contenter, et nous naquîmes ensemble, nous grandîmes ensemble. Ce fut une double révélation qui se fit, de lui par rapport à moi, de moi par rapport à lui. Je compris que je n'étais rien sans lui ; mais il comprit également qu'il ne pouvait rien être sans moi, et l'union se fit entre nous, cette union si nécessaire qui, commencée avec le monde, ne finira qu'avec lui. La terre en fut le lien mystérieux. Je m'y tenais caché, et il sut m'y découvrir. Ce fut alors qu'apparaissant l'un à l'autre, chacun vit ce qu'il pouvait attendre de cette société aussi heureuse qu'elle était naturelle.

Les années passèrent, les siècles eux-mêmes s'écoulèrent, et le temps ne fit que resserrer les nœuds de notre alliance, tant elle était dans les desseins du Très-Haut, tant il devenait évident que l'homme était fait pour l'agriculture, comme l'agriculture pour l'homme !

Je suis donc l'art primitif d'où sont nés beaucoup

(1) Prov. 8. 22.

d'autres qui, dans la suite des âges, ont aidé à mon développement. Que j'aie gagné en vieillissant, je ne le conteste pas. Et comment pourrais-je renier ces arts d'aujourd'hui qui ne font que mieux assurer ma prospérité ? Un père méconnaît-il ses enfants ? N'est-ce pas là toute une jeune famille qui réjouit ma vieillesse ? Toutefois, à mon origine, et dans mon enfance, et toujours, je n'en suis pas moins l'art privilégié qui viens immédiatement de Dieu, qui conserve toute sa prédilection, qui m'associe à ses desseins pour la suite des siècles, et le plus grand bonheur du genre humain, qui, ayant paru le premier, trouve dans mon institution une gloire qui ne me laisse rien à envier aux autres arts.

J'ai pour moi en effet d'être l'occupation de l'homme, la plus naturelle comme la plus agréable, la plus sûre comme la plus avantageuse. Qu'importe que je m'environne quelquefois de difficultés ? Si j'exige de grands travaux, j'accorde aussi de grandes récompenses. Largement je dédommage le laboureur de toutes ses peines. Avec la nourriture du corps, la force et la santé, je lui donne des goûts simples, des habitudes heureuses, des mœurs pures, des pensées honnêtes, des sentiments élevés, la joie de l'âme, la paix du cœur, le calme de l'esprit, la tranquillité de la conscience, biens précieux qui l'emportent sur tous les plaisirs du monde. N'oubliant jamais d'où je suis venu, je tâche sans cesse de l'y ramener lui-même, en lui rappelant que nous sommes sortis ensemble des mains du Créateur, pour être l'un à l'autre un appui et une consolation. Sans lui, je languirais. Sans moi, il languirait ; au lieu que, demeurant dans notre union, nous devenons forts l'un par l'autre, en fournissant au monde de quoi se soutenir, et coopérant, avec Dieu, à la conservation de toutes choses.

Viennent maintenant les autres arts, paraissent les inventions; si nombreux qu'ils soient, ils peuvent en paix s'abandonner à leur essor; le pain leur est assuré. Je veille. Le laboureur veille avec moi. Nous travaillons ensemble, et préparons aux autres travailleurs cette nourriture nécessaire dont il ne faut pas qu'ils soient inquiets, pour continuer leur marche, et pousser, jusqu'à leurs dernières limites, ces découvertes précieuses qui font leur gloire, mais qu'ils ne mèneraient jamais à bonne fin, s'ils n'étaient soutenus par ailleurs.

C'est assez, quoique j'aie encore beaucoup à dire. Mais, puisqu'il était question des arts, j'avais quelque droit, je pense, de paraître à mon tour, et de commencer mon histoire comme les autres se hâtent de raconter la leur.

SAINTETÉ DE L'AGRICULTURE.

Qui se plaindra que l'agriculture, à l'exemple de la divine Sagesse dont elle n'est qu'une émanation, ait elle-même fait son éloge (1)? Ce n'est ni jactance de sa part, ni envie de rabaisser les autres industries. C'est tout simplement le désir de nous donner d'elle-même une idée qui soit juste. Que de gens la méconnaissent! Parce qu'elle est humble, ils pensent qu'il n'y a, en elle, aucune grandeur. Parce qu'elle n'est en rapport qu'avec la terre et les animaux, ils ne se gênent pas pour en faire peu d'estime. Sans la mépriser entièrement, ils poussent jusqu'à l'excès ce proverbe si véritable d'ailleurs :

(1) Prov. 8. 12.

Dis-moi qui tu hantes, je te dirai qui tu es. — Tu hantes les champs, tu manies le rateau, tu tiens la charrue, tu entr'ouvres la terre, tu fais ta société des animaux, hé bien ! tu n'es aussi qu'un art grossier que la boue défigure. Ailleurs, quel spectacle bien différent ! J'y vois de la propreté, de l'élégance, une matière précieuse, un ouvrier distingué ; d'où je conclus que son art ne l'est pas moins. Mais pour toi, chétive agriculture, j'ai beau te considérer de tous les côtés, je ne trouve que limon.

Limon, toi-même, homme superbe, qui oublies ton origine. Qu'es-tu autre chose que ce limon que je manie, et que Dieu lui-même a manié avant moi? Si je me salis en le maniant, Dieu s'est donc aussi dégradé. Mais plus vil encore, celui qui en a été pétri, et c'est toi-même, entends-le bien, qui, tiré de la terre, dois retourner à la terre (1). A qui la faute, si tu ne sais pas envisager l'agriculture sous son véritable point de vue ? Pourquoi faut-il qu'elle soit obligée de te raconter la suite de son histoire? Ecoute donc, mais écoute sans prévention.

Elle a, dès longtemps, contracté une alliance qui l'honore par delà toutes les splendeurs du monde, alliance sainte, puisqu'elle est celle de la religion. Que les autres arts soient plus ou moins brillants, pour l'agriculture, elle est sainte et sanctifiante. C'est là son illustration ; sainte en elle-même, sainte dans ceux qui l'ont cultivée, et parmi lesquels apparaît, au premier rang, le Dieu trois fois saint.

Oui, Dieu est Père, Dieu est fécond, Dieu a produit un Fils tout semblable à lui-même. C'est là sa fécondité primitive et infinie, mais qui l'épuise d'une certaine manière, tout en lui laissant, de l'autre, ses forces productives. Ici, plus d'épuise-

(1) Gen. 3. 19.

ment à craindre. Une vertu toujours nouvelle donne toujours de nouvelles productions, et Dieu est toujours Père. Mais il ne veut plus être tout seul à produire.

Qu'il n'ait eu besoin de personne pour créer le monde, c'est ce qu'on ne peut contester. Cependant quand il eut, à lui seul, tiré la terre du néant, il ne voulut plus y rien faire sans elle, et, d'architecte indépendant qu'il était d'abord, il se fit ensuite (qu'on me pardonne l'expression), il se fit laboureur dépendant. Il se mit donc à manier cette terre qu'il venait de créer, la cultivant par sa parole, comme d'autres plus tard la devaient cultiver par leurs bras. Il pouvait, s'adressant directement aux plantes, leur commander de paraître; mais il aima mieux parler à la terre pour qu'elle les produisît de concert avec lui, donnant ainsi à ce limon sa belle mission avec son inépuisable fécondité, et ce qu'il dit, c'est ce que nous rapportent les divines écritures : *Germinet terra herbam virentem, et facientem semen, et lignum pomiferum faciens fructum juxta genus suum*, que la terre produise de l'herbe verte qui porte de la graine, et des arbres fruitiers qui portent du fruit, chacun selon son espèce (1).

C'était l'ouvrier, c'était l'ouvrière, c'était l'agriculture à son premier berceau, et se produisant sous l'action réunie de cet ouvrier par excellence, de cette ouvrière toujours obéissante. Quelle sainteté! Un Dieu qui travaille, une terre qui travaille avec lui, des plantes qui sont le résultat de leur travail commun. O sainteté de l'agriculture! ô sainteté de la terre qui consiste d'abord dans sa création, parce que rien que de saint ne peut sortir des mains de Dieu; qui consiste ensuite dans sa coopération avec le Seigneur, en quoi elle ne fait qu'augmenter

(1) Gen. I. 11.

cette vertu primitive qu'elle a reçue, et l'herbe, et les plantes, et les arbres, innocents comme elle, s'en vont en tous lieux proclamer la sainteté de celle qui les a produits.

Au premier rang des laboureurs apparaît donc le Seigneur qui, le premier, a tiré de la terre cette nombreuse famille de productions diverses. Par là se trouvait tracée la route que l'homme devait suivre. Et cependant, pour qu'il la suivît plus fidèlement encore, Dieu voulut encore faire davantage.

Des plantes tirées de la terre, c'était bien quelque chose pour montrer sa fécondité. Mais ce n'était pas assez pour dire son union avec l'homme qui devait bientôt la cultiver lui-même. C'était quelque chose de bon; mais ce n'était pas ce qu'elle pouvait donner de meilleur. Benjamin, vous êtes le dernier des enfants de Jacob, mais aussi toute sa joie. Vous lui êtes plus cher que tous ses autres fils, parce qu'étant le fruit de sa vieillesse, sa plus tendre affection s'est ramassée en vous (1).

Terre, terre, tu t'es montrée féconde sous l'action du Très-Haut, et pourtant ton dernier fruit, le plus beau comme le plus cher objet de tes délices, tu ne l'as pas produit. Prépare-toi donc à le donner. Dieu va se remettre à l'œuvre. Jusqu'à présent, il ne t'a cultivée que par sa parole; il va maintenant t'honorer du contact de ses mains sanctifiantes. C'est toi-même qu'il prend, toi-même qu'il façonne, et voilà qu'il t'édifie en forme humaine, te donnant des pieds et des mains avec une tête où déjà rayonne la beauté. Mais ce n'est pas tout. Après t'avoir embellie de son art, Dieu t'enrichit de son souffle. Il tire de lui-même cet esprit de vie qui te fait vivre à ton tour, en t'élevant presqu'à toute sa hauteur. Tu es toujours terre,

(1) Gen. 44. 20.

mais en même temps tu es esprit. Tu vas, tu viens, tu promènes cette vie qui t'anime. Tu respires, tu penses, tu sens, tu as une âme qui fait de toi-même un ciel véritable. Comment te nommer cependant dans cette existence nouvelle que tu viens de recevoir? Un état nouveau ne demande-t-il pas un nouveau nom? Si précédemment tu t'appelais terre, maintenant donc tu te nommeras *homme*, étant faite en effet à l'image de ton Dieu. Cet homme, c'est donc le fruit de tes entrailles, une partie de toi-même, ton cher Benjamin, la gloire de sa mère, les délices de son père.

C'est pourquoi, qui que vous soyez, arts nouveaux, arts anciens, désormais montrez-vous modestes en face de l'agriculture. Que faisiez-vous lorsque toutes ces merveilles s'accomplissaient? Le Seigneur parle à Job, et lui dit : Où étais-tu, quand je jetais les fondements de la terre? Sais-tu qui en a réglé toutes les mesures, ou qui a tendu sur elle une ligne droite? Sur quoi ses bases sont-elles affermies? Dis-le moi donc, si tu en as l'intelligence, où étais-tu, lorsque les astres du matin me louaient tous ensemble (1)?

N'est-ce pas aussi ce que peut vous dire l'agriculture? Où étiez-vous quand, à mon réveil, je m'empressais de louer l'Éternel, quand je traitais avec lui des produits de la terre, et que je coopérais à la pompe de ses miracles? Non, jamais vous n'avez eu, et jamais vous n'aurez, ni avec Dieu, ni même avec l'homme, ces rapports intimes qui viennent de s'établir entre l'homme et la terre, sous le nom d'agriculture, et par l'intermédiaire du Seigneur. Vous aurez beau vanter votre origine, jamais Dieu n'y apparaîtra avec cet éclat brillant qu'il a mis dans la formation de l'homme qui, né

(1) Job. 38. 4.

de la terre, doit toujours conserver avec elle des liens si étroits, en se livrant aux travaux que j'aime.

Ce sont les liens mêmes du sang. C'est la famille tout entière, c'est un père, c'est une mère, c'est un fils, c'est la nature dans toute sa force, et toute sa sainteté. Le père vient, par là, de terminer ses œuvres, et comme si, de nouveau, il s'était épuisé dans cette production merveilleuse, maintenant il rentre en son repos. Après avoir fini par l'enfantement de l'homme, il se tient à l'écart, lui laissant à continuer son ouvrage.

Par conséquent, quoi de plus naturel pour celui-ci que de se tourner vers sa mère? Son père, il ne le voit pas; mais sa mère, il la voit, il la connaît, il la touche, il l'embrasse. Ce sein maternel se présente de lui-même à ses lèvres comme à ses mains. Un instinct secret les rapproche l'un de l'autre, et l'homme, en naissant, est institué laboureur. C'est l'inauguration de l'agriculture, faite par Dieu lui-même, dans un jardin de délices, dans ce jardin que, dès le commencement, il avait planté de ses propres mains, et où il mit l'homme pour qu'il le cultivât, et qu'il le gardât, *ut operaretur et custodiret illum* (1).

Temps heureux que ceux où les choses se passaient aussi saintement, alors que tous les autres arts étaient si loin d'exister!

Mais en quelque sorte ce n'était que le commencement de ces nombreuses merveilles qui allaient se produire. Quoique caché, Dieu n'en continue pas moins d'agir sur la terre, et avec la terre. L'homme qu'il vient de mettre en rapport avec elle devra seconder son œuvre. Il plantera, il arrosera, et Dieu donnera l'accroissement (2). Ce travail de

(1) Gen. 2. 15. — (2) 1. Cor. 3. 6.

l'homme continuera de se nommer agriculture, laquelle sera chargée de conserver à la terre tous ses ornements. Car il ne faut pas que la parole du Seigneur puisse être exposée à périr. S'il a dit : *Germinet terra herbam virentem*, que la terre produise de l'herbe verte, il l'a dit pour toute la suite des siècles. C'est donc l'agriculture, dépositaire de cette divine parole, qui est tenue de veiller à son accomplissement.

Telle qu'elle était dans le principe, la terre ne pouvait plaire au Seigneur. Informe et sans beauté (1), elle n'avait rien qui pût charmer son œil. Il fallait une parure à ce limon grossier qui n'apparaissait que dans la nudité de sa naissance, et Dieu la lui donna, et l'homme eut mission de la lui conserver par les saintes occupations de l'agriculture. Ne fallait-il pas en effet que le fils prît soin de sa mère, en lui rendant quelque chose de ce qu'il avait reçu ?

Ainsi le monde commence, et l'homme avec lui, et l'agriculture en même temps. Tous deux, l'homme et l'agriculture s'apprêtent à traverser les siècles, comme à parcourir les contrées, dans l'union intime de leur douce société, sinon avec toute leur pureté primitive, du moins avec le besoin d'y revenir, besoin impérieux, besoin vivement senti, qui accuse, d'une part, la faute de la créature, en même temps que, de l'autre, il proclame la sagesse du Créateur.

(1) Gen. 1. 2.

NOBLESSE DE L'AGRICULTURE.

Sainteté de l'homme, qu'êtes-vous devenue? Où êtes-vous, innocence du Paradis terrestre? Dans quels pays inconnus vous êtes-vous retirés, charmes de la vie champêtre? Quel tableau ravissant que celui que vous nous offriez dans les jours heureux de votre gloire! Mais où s'était fait sentir un souffle divin, hélas! un souffle mortel a porté la désolation, et toutes choses ont changé.

Alors, sainte agriculture, vous n'aviez que des occupations faciles autant qu'agréables. Vous n'imposiez aucune peine, et le plaisir tout seul s'attachait à vos pas. Prodigue dans votre abondance, vous ne songiez point à la diminuer. Vos fruits qui ne coûtaient nulle fatigue n'en avaient pas moins toute la douceur du travail. Une bénédiction céleste leur donnait ce goût suave qu'ils n'ont pu retrouver, et c'étaient vos délices de rendre beaucoup à l'homme pour le peu qu'il vous accordait. Pourquoi faut-il que des temps si prospères se soient si promptement écoulés? Mais nous l'avons dit : un souffle ennemi est venu sécher le fruit dans sa fleur, en changeant pour toujours la face de la terre qui, de souriante qu'elle était, s'est faite âpre et sauvage.

Toutefois, dans ce changement fatal, l'agriculture n'a pas changé, du moins en elle-même. Elle n'a rien perdu des priviléges de son institution divine. Toujours sainte, elle n'a fait que se hérisser d'épines qui lui devenaient un rempart pour sa propre dignité. Elle a imité Dieu dont elle ne pouvait que prendre les intérêts. Leur cause étant commune, il fallait une défense qui le fût également.

Si tout change, c'est l'homme seul, l'homme coupable, qui, par son propre péché, amène ce triste changement. Ni Dieu, ni l'agriculture, ne peuvent plus être les mêmes à son égard. Aux sourires de l'amour il faut que succèdent les rigueurs de la colère, et l'agriculture entre dans ces sentiments d'une justice vengeresse. La sentence en est portée. Dieu dit à l'homme pécheur : Parce que vous avez mangé du fruit de l'arbre dont je vous avais défendu de manger, la terre sera maudite à cause de ce que vous avez fait, et vous n'en tirerez de quoi vous nourrir pendant toute votre vie qu'avec beaucoup de travail. Elle vous produira des épines et des ronces, et vous vous nourrirez de l'herbe de la terre. Vous mangerez votre pain à la sueur de votre visage, jusqu'à ce que vous retourniez en la terre d'où vous avez été tiré. Car vous êtes poussière, et vous retournerez en poussière (1).

Maintenant que peut la terre? Que peut l'agriculture? Iront-elles toutes deux contre la parole de leur maître? La terre, maudite à cause de l'homme, changera-t-elle en bienfaits perpétuels cette malédiction dont elle est frappée? — Impossible. L'agriculture, de son côté, continuera-t-elle d'être ce qu'elle était dans le Paradis terrestre? — Impossible encore. Que seront-elles donc? — Les compagnes de l'homme, mais pour le punir.

Néanmoins (et c'est ici qu'il importe de signaler la bonté du Seigneur, tout sévère qu'il se montre), néanmoins le remède au mal se trouvera dans le châtiment lui-même, où l'agriculture interviendra pour réconcilier le pécheur avec Dieu ; ce qui sera pour elle un nouveau témoignage de sa sainteté, une preuve éclatante de sa noblesse ; deux choses en effet qui ne sauraient aller l'une sans l'autre, tant il

(1) Gen. 3. 17.

est évident que la sainteté de l'agriculture fonde sa première comme sa plus belle noblesse !

Ce que vous avez fait, dira-t-elle à l'homme, il faut l'expier. Moi, votre sœur, je viens vous en fournir les moyens efficaces. Reconnaissez votre faute, soumettez-vous humblement au jugement qui vous frappe, acceptez mes peines, souffrez mes travaux, supportez mes fatigues. Je ne suis plus l'agriculture des premiers jours, dont je ne vous apporte au contraire qu'un souvenir bien amer. Je suis l'agriculture de l'exil et de la pénitence qui unirai mes rigueurs à celle du Très-Haut. Je ne veux point vous abuser. Autant que j'aimais d'abord à vous récréer, autant je m'appliquerai désormais à vous tourmenter. Je serai encore votre compagne, mais une compagne difficile, chagrine, sévère, exigeante, et presque toujours mécontente, qui ne me lasserai point de vous demander encore après vous avoir déjà beaucoup demandé. Vos travaux nombreux, je les compterai pour peu de chose, et, comme si vous n'aviez rien fait, souvent je ne vous donnerai rien non plus. Des ronces, des épines, tel sera le prix de vos sueurs. Vous deviendrez entre mes mains un mercenaire que je ne cesserai de traiter avec la plus grande dureté, vous laissant peu de sommeil, peu de repos, peu de plaisir, peu de nourriture, mais beaucoup de fatigues corporelles avec beaucoup de peines d'esprit, et vous ramenant de suite à la tâche. Il faut que vous soyiez puni par où vous avez péché. Malgré la défense, vous avez demandé à l'arbre de la science du bien et du mal de satisfaire votre sensualité. Cet arbre était de mon domaine. C'est donc une profanation que vous en avez faite. Mais là aussi, dans mon propre domaine, je vous châtierai longtemps, et vengerai sur vous l'injure qu'a subie ma noblesse. Puisque vous voulez avoir la science, vous l'aurez ; mais ce sera celle de la souffrance. Je vous apprendrai ce qu'il en coûte pour désobéir à Dieu.

Que si cependant vous acceptez de bon cœur toutes ces peines, si vous savez vous interdire les plaintes, les murmures et les reproches, si vous trouvez qu'étant coupable vous ne souffrez que ce que vous méritez, si toujours vous vous tenez prêt à de nouvelles épreuves, si vous accomplissez votre pénitence dans toute son étendue, allez, vous ne souffrirez pas éternellement, et je serai encore pour vous l'agriculture des consolations. Je vous tiendrai compte du froid et du chaud que vous aurez supportés patiemment, des injures de l'air qui vous auront trouvé toujours respectueux, des maux de toutes sortes qui vous auront accablé sans vous désespérer. Alors je porterai vos sueurs devant Dieu, en lui disant la persévérance de votre travail, et la soumission de votre cœur; je m'entendrai avec la terre pour qu'elle vous soit moins ingrate; je me relâcherai moi-même de la sévérité du châtiment, et, adoucissant la pénitence, je reprendrai, à votre égard, quelque chose de ce que j'étais d'abord.

Mais, vous devez le comprendre, il ne m'est pas permis de changer de sitôt la rigueur du jugement. La femme elle-même, la femme qui a péché la première, sera punie aussi dans les travaux de l'agriculture. Vous, votre épouse, votre fils, votre fille et votre servante, il faut que vous reveniez, par le chemin de l'expiation, à cette sainteté première que j'ai conservée, mais que vous avez perdue, et, loin d'être votre ennemie en vous y ramenant, je reste votre amie, votre protectrice et votre consolatrice.

Ainsi parle l'agriculture dont le noble langage n'a rien que de sanctifiant. C'est la sainteté elle-même qui s'exprime par sa bouche. Parce qu'elle est souverainement sainte, elle ne veut que ramener l'homme à la sainteté. Si elle se fait austère, ce n'est qu'à son grand regret. Combien elle aimerait mieux rester ce qu'elle était dans le principe! Mais les choses ont tellement changé que son rôle a dû changer avec elles. Ce changement toutefois ne saurait impliquer un divorce perpétuel. Quoiqu'outragée par l'homme, l'agriculture n'oubliera point qu'il l'a épousée aux beaux jours de la création, sous les yeux de Dieu même, et d'ailleurs, si le père est coupable, de pieux enfants viendront qui l'aideront à réparer sa faute. Un père longtemps puni, des enfants longtemps pénitents avec lui, finiront par satisfaire aux rigueurs de la justice. Les sillons qu'ils arroseront tous ensemble de leurs larmes et de leurs sueurs interviendront pour eux, en pleurant avec eux (1). L'agriculture y verra son honneur rétabli, et, si exigeante qu'elle soit, elle ne pourra tenir contre les sanglots d'un repentir sincère, et les fatigues d'un travail persévérant. Un moment flétrie, sa gloire refleurira à cette source vive des profonds gémissements. Ce ne sera plus, il est vrai, l'innocence première de l'homme, mais ce sera toujours la noblesse de l'agriculture qui éclatera, dans la réparation, presqu'aussi belle que dans la vertu primitive.

D'ailleurs l'agriculture a tout entendu. C'est dans son propre domaine qu'a été prononcée la sentence. Homme, femme, serpent, chacun s'y est vu compris, et elle-même a pu voir toute la part qui revenait au perfide serpent de cette condamnation commune. Séduite par lui, la femme aura sa revanche. S'il l'a fait tomber, plus tard elle lui écrasera la tête (2). Sans la comprendre tout-à-fait, l'agriculture néanmoins augure heureusement de cette parole

(1) Job. 31. 38. — (2) Gen. 3. 15.

divine qui promet à la femme la victoire sur le serpent. Sa noblesse s'en réjouit à l'avance, pour tous les avantages qui doivent lui en revenir. Elle pressent qu'elle continuera d'être en honneur parmi les hommes dont les uns lui consacreront tous leurs soins, et les autres la béniront de ses bienfaits. Ce sera pour elle toute une famille qui, après une perturbation passagère, se montrera sincèrement dévouée, et les champs qui en tressaillent d'allégresse s'entr'ouvrent aussitôt pour renfermer en eux-mêmes de si belles espérances. Tout va donc reverdir, l'honneur, la gloire, la paix et la vertu, précieuse semence qui ne peut que promettre à l'agriculture des jours radieux succédant aux jours nébuleux. Une glorieuse généalogie y resplendira où continuera de se montrer son auguste noblesse.

GÉNÉALOGIE DE L'AGRICULTURE

DU COTÉ DE DIEU.

Oui, c'est un principe partout admis que la véritable noblesse ne va point sans quelque généalogie. Qu'est-elle, en effet, celle qui ne date que d'hier? C'est tout simplement quelque chose qui commence, sans être sûr de durer. Demain peut venir un indigne rejeton qui démentira ce qu'aura fait son père, et toute la gloire de la maison s'en ira bientôt avec lui. A la digne noblesse, il faut donc autre chose que l'éclat d'un jour. Cette lueur passagère serait moins parmi les hommes que l'éclair dans l'obscurité de la nuit. Si je ne vois une suite d'aïeux unis entr'eux plus encore par les liens de la vertu que par ceux du sang, j'estimerai peu les prétentions de leurs descendants qui, trop clairsemés dans ce champ de l'honneur, ne porteront que de travers la couronne de gloire qu'ils veulent s'adjuger. Autant qu'il est beau quand il est neuf, le manteau royal, autant qu'il sait conserver toutes ses richesses, quand on sait lui donner tous les soins qu'il réclame, autant s'empresse-t-il aussi de se dépouiller de tous ses ornements, dès qu'on le traîne dans la boue. Manteau de gloire autrefois, ce n'est plus qu'un habit d'opprobre qui, jeté à l'écart parmi les vieilleries du marché, n'attire que le mépris public.

Ainsi toute noblesse, belle et glorieuse dans son origine, doit-elle, pour ne point dégénérer, se transmettre des pères aux enfants avec l'illustration d'une vertu sans tache. Ce sont la raison, la justice et le jugement universel qui établissent d'une manière absolue cette loi irrévocable.

Sur ce principe si lucide, jugeons maintenant l'agriculture, en voyant si elle peut se glorifier d'une généalogie aussi ancienne que brillante.

Vous êtes, pouvons-nous lui dire. Oui, vous êtes, et nous ne voulons pas vous le contester. Vous êtes même, grande, puissante, resplendissante. Vous vivez aujourd'hui dans votre force, vous agissez dans votre éclat, honorée de toutes parts autant qu'il semble que vous soyiez honorable. Mais n'est-ce point là, de nos jours, votre noblesse qui commence? Pour vous vanter comme vous faites d'une grandeur antique, avez-vous en effet des aïeux certains? Quels sont-ils? Et depuis quand les avez-vous? Ont-ils toujours été dignes les uns des autres? Dans la suite de vos ancêtres prétendus, ne s'en est-il pas trouvé qui, ayant dégénéré, ont obscurci les splendeurs que vous pouviez avoir? Dites-nous donc votre généalogie, si vous en avez

ne, et montrez-nous, par une succession non in-
errompue, des aïeux que nous puissions vénérer.

J'accepte, répond humblement l'agriculture. De
noi-même, je ne me serais point empressée de pu-
lier mes gloires; mais puisque vous m'y invitez,
e veux bien vous en dire quelque chose.

*Cœli enarrant gloriam Dei, et opera manuum
jus annuntiat firmamentum* (1). Les Cieux racon-
ent les grandeurs de Dieu, et le firmament annonce
es ouvrages de ses mains.

Parmi ces grandeurs du Très-Haut, j'ai ma place
oute trouvée. Je suis même l'une d'entr'elles, et
e compte au milieu des perfections divines. J'y
pparais comme témoignage éclatant d'une puis-
ance, d'une bonté, d'une sagesse, d'une justice
nfinies. Ce n'est point présomption de ma part de
ire que Dieu, à qui remonte ma généalogie, a fait
n moi de grandes choses (2). Le firmament qui
élèbre ses œuvres ne prétend point m'en exclure.
i le jour dit au jour, si la nuit raconte à la nuit
s merveilles du Seigneur, ils les disent en même
emps par rapport à moi-même. Que les autres arts
orment pendant la nuit, pour moi je ne dors pas.
u'ils sommeillent encore durant le jour, je ne
aurais en faire autant. A l'exemple de Dieu, je tra-
aille sans cesse (3). Les jours et les nuits sont de
on domaine. Ils m'appartiennent comme m'ayant
é donnés par le Créateur, et j'ai avec eux des rap-
orts trop intimes pour qu'on puisse jamais nous
parer. J'en puis dire autant des astres. Ils ont
s influences que je ressens. Dieu qui a réglé tou-
s choses avec poids, nombre et mesure (4), a
esé, dans sa juste balance, les degrés de chaleur
de fraîcheur qui m'étaient nécessaires. Un jour
erpétuel serait ma mort, une nuit éternelle m'en-

(1) Ps. 18. 1. — (2) Luc. 1. 49. — (3) Jean. 5. 17. — (4) Sap.
. 21.

chaînerait au tombeau. Mais je vis heureuse du mélange si bien approprié des jours et des nuits. Celles-ci m'apportent des rosées bienfaisantes pour m'aider à nourrir mes plantes qui, raffraîchies par elles, ne craignent plus les chaleurs du jour. Elles les reçoivent, non pour en être desséchées, mais pour en être développées. Une précieuse humidité qu'elles conservent sait tempérer les ardeurs du soleil pour que le froid et le chaud, tous deux ensemble, y fassent leur office si nécessaire.

Car je me nourris des grands feux non moins que des grandes eaux. Je me tiens en rapport avec les pluies et les orages. Eux-mêmes, les frimas, les gelées, les neiges et les glaces, ne me sont point indifférents. Ils ont leur contingent qu'ils me doivent d'utilité et même de nécessité. Que ne rencontré-je pas sur ma route qui me pourrait nuire immensément? Ici, des insectes dévorants; ailleurs, des miasmes fétides. J'appelle donc les vents pour qu'ils balaient ces exhalaisons malsaines, et les glaces pour qu'elles me délivrent de ces autres ennemis si nombreux. Seule, entre les mains de Dieu, j'occupe l'un des bassins de la balance, tandis que, dans l'autre, sont entassés, pour me faire équilibre, les airs, les vents, les tempêtes, les éléments, les nuages, les influences de toutes sortes, et tous ces priviléges, je vous les présente comme se rattachant à ma généalogie. Ce sont mes armoiries qui ne le cèdent point aux autres.

In principio creavit Deus cœlum et terram (1), au commencement Dieu créa le ciel et la terre. Quel début des Saintes Ecritures! Quelle profondeur dans ces divines paroles, quand on sait les sonder jusqu'au fond! Le ciel est nommé le premier; il le méritait bien. Mais ensuite, comme son digne contre-

(1) Gen. 1. 1.

poids, vient la terre qui doit balancer sa gloire, tout immense qu'elle soit. Pour ce qui est des autres planètes et de la multitude des étoiles, cette vulgaire milice s'en ira en son lieu, sans même emporter une dénomination qui l'honore. Tout sera confondu sous un nom commun. Mais la terre, créée à part, mise à part, nommée à part, et distinguée de tout le reste par son droit d'aînesse comme par sa glorieuse destination, recevra des honneurs que n'auront point les astres, honneurs cependant dont il me reviendra quelque chose, puisque je tiens à cette terre, premier terme de la création, ainsi qu'à l'homme qui en est le dernier. Faut-il maintenant vous faire observer qu'entr'eux arriveront successivement toutes ces créatures diverses qui nous devront leurs services? Faut-il ajouter que partout, dans les livres sacrés, la terre apparaîtra tout auprès du ciel, et sera nommée conjointement avec lui, comme pour conserver ainsi sa place d'honneur et sa dignité primitive? Ne dirait-on pas que Dieu se complaît à lui donner ce magnifique cortége, laissant à l'écart tous ses autres ouvrages dont il parle peu?

Mais alors c'était moi-même qui me produisais avec cette terre dont je suis l'ornement, cette terre, sœur du ciel, pour en être aimée et favorisée. Premiers-nés du Seigneur, notre naissance fut belle. J'étais l'inférieure, mais riche pourtant, immensément riche dans mon infériorité. J'avais le ciel pour garant des bénédictions que je devais recevoir, et qu'il ne m'a jamais refusées. Avec lui je commençais mon œuvre pour la continuer avec lui, unis l'un à l'autre par les doux liens d'une création commune, et les aimables rapports d'une fraternité persévérante.

Aussi quand il raconte la gloire de Dieu, je la raconte avec lui. Quand le firmament publie les ouvrages de ses mains, je les publie en même temps. C'est la même voix faisant entendre la même louange, et par ailleurs quand le Psalmiste invite toutes les créatures à bénir le Seigneur, les arbres, les fleurs, les fontaines, les nuées, les gelées et les frimas, je m'unis à eux comme à quelque chose qui me touche de près. Tantôt je m'élève dans les cieux, tantôt je descends ici-bas, trouvant partout des relations de famille. Je tiens, par ma naissance, à tout ce qu'il y a de grand, à Dieu tout d'abord, grandeur par excellence, à toutes ses œuvres ensuite qui participent de sa magnificence. J'ai ma place marquée dans le plan de la création, où Dieu, de cet immense regard qui embrasse tous les temps, m'a vue hier, aujourd'hui et demain, disant à mon sujet, dès le commencement des choses : Tant que la terre durera, la semence et la moisson, le froid et le chaud, l'été et l'hiver, la nuit et le jour ne cesseront de s'entre-suivre (1). C'étaient les saisons avec les éléments dont il m'assurait le bénéfice.

Voilà, d'un certain côté, ma généalogie et ses nombreuses ramifications. Elle se perd dans la nuit des temps, ou plutôt dans la clarté des cieux, où le Seigneur habite une lumière inaccessible (2).

GÉNÉALOGIE DE L'AGRICULTURE

DU COTÉ DES HOMMES.

Faut-il maintenant vous la montrer dans ses rapports avec les hommes? Je le veux bien, mais à condition que je ferai mon choix. Les miasmes

(1) Gen. 8. 22. — (2) 1. Tim. 6. 16.

se trouvent partout, dans l'humanité comme dans l'air. Je n'avoue pour miens que ceux qui en sont dignes. J'aurai une suite d'aïeux que je connais. *Foris canes* (1), les autres que je ne connais pas, je les rejetterai comme je repousse du milieu de mes champs les pestes qui les veulent désoler. J'imiterai le Seigneur qui, établissant le droit d'aînesse, le transporte néanmoins dans la personne de Jacob, du plus âgé au plus jeune, du moins digne au plus digne, disant en propres termes : *Jacob dilexi, Esau autem odio habui*; j'ai aimé Jacob, mais pour Esaü, je l'ai eu en aversion (2). Ainsi, à travers les siècles, établirai-je mes générations.

Venez donc après Dieu, venez tout d'abord, vous, père du genre humain, venez comme l'une de mes gloires. Assez vous avez réparé votre faute pour que je ne voie plus en vous qu'un illustre pénitent. Si vous êtes tombé, vous avez su vous relever. Un moment de faiblesse n'a-t-il pas été expié par des siècles de repentir? Et la terre, témoin de votre faute, ne l'a-t-elle pas été aussi de vos longs travaux? N'a-t-elle pas vu vos larmes? N'a-t-elle pas entendu vos soupirs? Quoique maudite, ne s'est-elle pas attendrie à votre profonde affliction? N'a-t-elle pas crié avec vous, et pour vous (3)? Ce n'était plus le péché, mais sa grande réparation. C'était la pensée de Dieu revenant plus vive après la désobéissance qu'elle ne l'était avant. Les ronces et les épines ne cessaient de vous la représenter, se transformant pour vous en institutrices éloquentes. Elle fleurissait en elles, à la place de leur fleur naturelle, et c'était votre soin le plus empressé de la cueillir respectueusement. Sa rencontre si fréquente ne cessait de vous faire pleurer. Vous pleuriez encore, en mangeant votre pain tout trempé de vos

(1) Apoc. 22. 15. -- (2) Rom. 12. 9. — (3) Job. 31. 38.

sueurs. Si la vengeance divine vous enveloppait de toutes parts, du moins vous trouvait-elle toujours soumis et résigné. Venez donc. Quand Dieu pardonne, l'agriculture ne saurait se montrer plus sévère que lui-même, et, loin de vous répudier, elle s'honore de vous compter comme son premier aïeul dans sa grande famille d'ici-bas. Ne sait-elle pas qu'il est dit aux Saintes Ecritures que la divine Sagesse vous avait tiré de votre péché, et qu'elle vous avait donné la force de gouverner toutes choses (1)?

Mais venez aussi, vous qui n'êtes pas moins sa gloire et sa couronne. Venez, juste Abel, pasteur des troupeaux. Par eux vous tenez à moi comme je tiens à vous. Les troupeaux sont une portion de mon empire. Je les nourris, je les emploie, et j'aime ceux qui, avec moi, savent toujours s'en occuper. Vous m'êtes donc cher déjà par les soins que vous leur donnez. Mais combien me l'êtes-vous plus encore pour la réunion de vos aimables vertus! Pendant que votre père offre à Dieu le sacrifice de ses larmes, vous, son digne fils, vous lui présentez celui de vos agneaux les plus gras que vous conduisez à dessein dans les meilleurs pâturages, accomplissant à l'avance ces paroles des livres sacrés : avez-vous des troupeaux? Ayez-en soin, et s'ils vous sont utiles, qu'ils demeurent toujours chez vous (2).

Mais d'où vient que je me trouble en parcourant mon histoire? Quelle horreur soudaine me fait frissonner? Qui détruit ainsi la paix de mes campagnes? Que veulent dire ces cris étouffés? Quel est ce crêpe funèbre qui s'étend de toutes parts? Sous quelle couleur effrayante m'apparaissent mes sillons désolés? Couleur de sang, et de sang humain!.... Mais de qui, et pourquoi, et comment?...

(1) Sap. 10. 1. — (2) Eccles. 7. 24.

Abel, Abel, c'est le vôtre à vous-même!.... Cher Abel, l'honneur de la vie champêtre, la gloire de l'agriculture, la joie des campagnes, vous n'êtes plus, et voilà que votre mort me laisse à des douleurs inconnues. Tout pleure, tout gémit autour de moi. L'herbe se flétrit, les champs se lamentent, les arbres laissent tomber leur feuillage, les troupeaux abandonnés appellent leur pasteur, et les brebis bêlantes le cherchent dans leur inquiétude. Mais il n'est plus!... il ne pourra plus les conduire comme il avait coutume de faire, mettant tout son bonheur à ce travail innocent.

Il n'est plus!... Un frère cruel, poussé par une implacable jalousie, vient de lui enlever la vie dans une promenade perfide qu'il lui présentait comme un agréable délassement. Chassez le monstre, poursuivez le barbare, le bourreau, le fratricide, l'abominable. Que mes champs qu'il vient d'ensanglanter ne subissent pas plus longtemps le supplice de le voir. Fondateur des villes, qu'il s'en aille les habiter, errant de l'une à l'autre en criminel que poursuit la vengeance divine. Que son souffle odieux n'infecte plus la pureté de mon domaine. Je ne le connais pas; il ne m'a jamais appartenu, je le renie pour être de ma famille. Je ne connais qu'Abel dont le souvenir me sera toujours cher, et à qui je veux élever, dans le lieu le plus retiré de mes états, un tombeau qui consacre sa mémoire. Venez donc, arbres funéraires, pleurer autour de cette tombe solitaire. Ombragez-la de vos rameaux plaintifs. C'est la tombe du juste qui, dans le sépulcre même, restera toujours l'une des gloires les plus brillantes de l'agriculture.

Ainsi, dès le commencement, se fait le partage des enfants d'Adam. L'un d'eux se prononce pour les villes où je refuse de le suivre. L'autre, victime innocente, repose aux champs qu'il aimait.

C'est, avec lui, la suite de mes aïeux qui se continue dans Seth, son digne remplaçant, Seth qui console l'agriculture de la perte d'Abel. Il vit pour l'honorer, il travaille pour l'ennoblir. C'est l'aîné de la famille qui en possède tous les titres pour les porter aux champs qu'il cultive. Lui, ses fils et ses petits-fils, sauront leur conserver l'honneur des premiers jours, et la séparation se fera de plus en plus parmi les habitants de la terre, comme aussi leur dénomination. Les uns qui en même temps seront mes dignes ancêtres s'appelleront les enfants de Dieu. Les autres que je répudie s'appelleront les enfants des hommes. Ils habiteront dans les villes où les différents arts prendront naissance avec eux. Que Jabel et Tubalcaïn, tous deux descendants de Caïn, inventent, le premier, l'art de jouer de la harpe et de l'orgue, le second, celui de travailler avec le marteau, en se montrant habile en toutes sortes d'ouvrages d'airain et de fer (1); pour mes illustres aïeux, ils n'auront ni d'autres occupations, ni d'autres habitations que les champs. Une tente rustique leur servira d'abri, en même temps qu'un travail champêtre appellera tous leurs soins.

Faut-il, parmi eux, vous nommer Enos qui sut invoquer le nom du Seigneur? Mais pourrais-je surtout ne pas signaler Henoch qui marcha constamment avec Dieu, et qui lui fut si agréable que tout-à-coup il cessa de paraître, le Très-Haut l'ayant enlevé du milieu des iniquités si souvent commises par les enfants des hommes? Et maintenant n'est-ce pas Noé qui paraît, Noé de qui son père, dès le moment de sa naissance, prophétisa ces choses admirables : Celui-ci, nous soulageant parmi les travaux et les œuvres de nos mains, nous consolera dans la terre que le Seigneur a maudite (2)?

(1) Gen. 4. 26. — (2) Gen. 5. 29.

Cette prédiction ne fut point trompeuse. Toujours juste, Noé fit les délices de Dieu qui le sépara, lui et sa famille, du reste des hommes parmi lesquels toute chair avait corrompu sa voie. Ce n'étaient plus, hélas! les temps de la première faute, alors que l'exil et le travail avaient paru des peines suffisantes. A de plus grands crimes il fallait des châtiments plus terribles. J'en frémis encore. Toujours ce souvenir attristera mon histoire. J'avais cependant une famille de justes qui trouvèrent grâce devant le Seigneur. Mais partout ailleurs c'était la corruption la plus abominable. Mes champs, malgré eux, en ressentaient la funeste atteinte. Ils n'en avaient pas la responsabilité, mais ils en avaient la souillure, et ce devint une nécessité qu'ils fussent purifiés par le déluge.

Je vis alors s'ouvrir les cataractes d'en haut avec les abîmes d'en bas. Je vis mes campagnes submergées de toutes parts. Eaux du ciel, eaux de la mer, toutes se mêlèrent pour inonder la terre dans toute son étendue, jusque-là qu'elles s'élevèrent de plusieurs coudées au-dessus des plus hautes montagnes. La terre n'était plus, elle avait disparu avec tout ce qui se remuait à sa surface. Moi-même, je me trouvais comme à l'état de mort, ne vivant plus que dans la pensée divine, et la personne de ce juste qui, retiré dans l'arche, y tenait mes espérances renfermées avec lui. Longtemps je restai noyée dans mon tombeau, jusqu'à ce qu'enfin la justice du Seigneur se trouvant satisfaite, un vent favorable commença de me dégager. Les mers retournèrent à leurs abîmes, en reconnaissant leurs limites qu'elles n'ont plus franchies. Les fleuves reprirent leur cours accoutumé, et l'arche se prépara de son côté à me rendre mes trésors dans ces divers animaux qu'elle venait de sauver. La paix s'annonça par un oiseau que j'aime, comme image de ce calme qui m'est si nécessaire. Lâchée par Noé, la colombe revint à lui, tenant en son bec une branche d'olivier, nouveau signe de paix qui ne fut point trompeur. L'arche, ayant fait son office, s'arrêta donc aux lieux qui lui furent désignés pour rendre à la liberté tous ceux qu'elle tenait heureusement captifs.

La terre venait de recevoir son baptême de regénération. Sa face qui s'en trouvait renouvelée allait donner un nouveau monde dont Noé serait le père. Avant le déluge, il était laboureur ; après, il le fut encore, mais non sans avoir préalablement offert un immense sacrifice dont le Seigneur savoura l'odeur avec délices (1). Ce fut, en sortant de l'arche, sa première action, de se prosterner humblement devant Dieu, et de l'honorer par le sang des victimes. Si, avec lui, la fidélité entra dans l'arche, la reconnaissance en sortit avec lui, et ces deux belles vertus lui méritèrent d'être sacré Pontife-Laboureur, caractère que je tiens à signaler ici parce qu'il doit plus tard se représenter. C'est le caractère qui distingue le second père du genre humain, comme il avait été celui du premier.

Ainsi se déroulait le drame de la création, splendide au premier acte, quoique déjà lugubre, mais terrible au second par toutes les catastrophes qui vinrent s'y presser. Et moi-même, dans ces horribles scènes de désolation, combien n'eus-je pas à déplorer mes campagnes inondées, mes arbres déracinés, mes moissons ravagées, mes fleurs renversées, tout mon empire bouleversé ! Combien ne me fallut-il pas gémir sous l'immense linceul qui m'enveloppait ! Enfin, le calme s'étant fait, la terre reparut avec la multitude de ses ruines et de ses cadavres. J'apparus aussi dans tout le ravage de la tempête. Triste et désolée, faible et languissante, je

(1) Gen. 8, 21.

me traînais à peine. Je sentais que j'avais survécu à l'orage; mais l'avenir m'inquiétait, dans la crainte que de nouvelles iniquités ne finissent par amener des malheurs irréparables. En peu d'années, deux grands châtiments s'étaient fait sentir qui disaient les rigueurs de la justice de Dieu. Je la comprenais facilement cette justice sévère, je ne pouvais que l'approuver, je m'y associais tout entière. Mais, quoiqu'innocente, j'avais à craindre une dernière condamnation qui détruisît à jamais la terre et tous ses habitants. Je me trouvais abîmée dans ces appréhensions, lorsque tout-à-coup, au fond du tableau, je vis apparaître le doux arc-en-ciel, avec ses aimables couleurs. Je tressaillis à sa vue, et repris courage. C'était en effet l'assurance divine que je n'avais plus de déluge à redouter. Aussitôt j'en rendis grâce au Seigneur, invitant mes champs à le bénir avec moi, et puis je m'avançai hardiment, appuyée sur le bras vigoureux du juste qui allait relever ma gloire anéantie.

A ce renouvellement de la création, les mêmes paroles se firent entendre que précédemment. Croissez, dit le Seigneur, et multipliez-vous, et remplissez la terre. J'établis mon alliance avec vous, et lorsque j'aurai couvert le ciel de nuages, mon arc paraîtra dans les nuées qui me rappellera ce pacte que je fais présentement. Allez donc désormais en paix (1).

Mais où va Noé, ce restaurateur de la race humaine, ce grand personnage de la seconde création, cet homme sauvé des eaux par une protection toute divine, cette belle figure d'une époque désastreuse? Où va-t-il, et que fait-il? Ici encore écoutons la sainte Ecriture qui dit : Noé, s'appliquant à l'agriculture, commença à labourer et à cultiver la terre, et il planta une vigne (2).

(1) Gen. 9. 7. — (2) Gen. 9. 20.

Et je ne m'applaudirais pas de ce digne aïeul dont les occupations sont si bien déterminées par les livres sacrés! Et je ne vous le nommerais pas comme l'une de mes gloires les plus pures! Et je ne vous ferais pas remarquer les liens qui unissent ce fils à son père, dans les travaux des champs! Mais ce serait rompre ma généalogie que je tiens cependant à vous montrer sans la moindre interruption, dans une suite d'ancêtres que rapprochent entr'eux la pratique de la vertu non moins que la communauté du travail. Tel fut Adam, tel fut Noé, tous deux laboureurs, l'un qui donna aux différentes espèces d'animaux les noms qu'elles portent encore aujourd'hui, l'autre qui les conserva soigneusement dans l'arche pour qu'elles pussent se reproduire durant tous les siècles. Et j'allais bientôt, pour mon plus grand développement, me servir de plusieurs d'entr'elles. . .

Mais je ne vous ai pas nommé les enfants de Noé qui furent Sem, Cham et Japhet. Entr'autres vertus, le premier et le troisième se distinguèrent par une chasteté respectueuse d'où je tirai ma gloire. Le second qui lui fit offense mérita par là même de devenir leur esclave, et l'arrêt en fut aussitôt porté par un père outragé, parlant au nom du Seigneur. Que Chanaan soit maudit, s'écria-t-il; qu'il soit, à l'égard de ses frères, l'esclave des esclaves (1). C'était la distinction parmi les enfants, telle qu'elle s'était faite aux temps primitifs, et comme l'établissement des deux classes dont se compose la multitude de mes sujets, celle des maîtres, et celle des serviteurs. Cependant quelle différence entr'elles! Quelle bénédiction pour l'une! Quelle malédiction pour l'autre! Quelles paroles diverses du saint Patriarche Noé! Que le Seigneur, dit-il, le Dieu de Sem soit béni. Que Dieu multiplie la postérité de Japhet,

(1) Gen. 9. 25.

et qu'il habite dans les tentes de Sem, et que Chanaan soit son esclave (1).

Avec le service des animaux, j'ai aussi besoin de celui des hommes. Surtout les domestiques me devront le leur ainsi que leur respect. Mais aurai-je toujours celui-ci? N'est-ce pas un indice alarmant que la malédiction de Noé? Quel sombre tableau se laisse entrevoir dans l'avenir! Quelle origine corrompue de la classe des serviteurs que celle d'un Cham, et de son fils Chanaan! Toujours quelque chose en restera dont j'aurai peine à purger mes états, tant les paroles de Dieu s'étendent à tous les siècles!

Laissons donc là Chanaan qui ne m'appartient pas pour revenir à Sem que j'adopte, parce que, dans la pratique constante d'une vertu sincère, il sut conserver les pieuses traditions de ses ancêtres, comme eux donnant tous ses soins au service du Seigneur ainsi qu'à la culture de la terre. Par lui et ses dignes enfants, j'arrive en droite ligne au vertueux Abraham, sans m'arrêter aux travaux des enfants des hommes que je ne fais que regarder en passant.

Les voyez-vous, dans cette vaste plaine, s'empresser tous ensemble d'élever une tour qui aille jusqu'au ciel? L'orgueil est leur chef, et, sous ce maître dont ils sont fiers, ils appellent à eux les différents arts pour éterniser leur nom. Ils ne sont pas laboureurs, ils se font architectes, maniant la brique et le bitume (2). Déjà l'ouvrage s'avance. Mais il faut encore l'exhausser; ce qu'ils font avec ardeur jusqu'à ce qu'enfin descende le Seigneur qui les confond tous ensemble, eux, leurs pensées, leurs arts, leurs travaux, leur langue, et ce fameux ouvrage, s'arrêtant tout-à-coup dans sa folle témérité,

(1) Gen. 26. 27. (2) Gen. 11. 3.

ne s'appellera plus, dans tous les temps comme dans tous les lieux, que la tour de Babel. Triste destinée des arts de se confondre les uns par les autres, quand ils refusent de s'employer au service du Très-Haut!

C'en est trop cependant, et je reviens à ma généalogie que je retrouve pure et intacte en la personne d'Abraham. Qu'est-il besoin de parler longuement de cet illustre Patriarche? Qui n'a entendu proclamer son nom? Qui ne connaît son histoire? Qui n'a souvent admiré ses entretiens avec le Seigneur, et les bénédictions qu'il reçoit, et les promesses qui lui sont faites? Sortez donc, digne père des croyants, du pays de vos ancêtres, et de la maison paternelle pour venir en la terre qui vous est destinée. C'est Dieu qui l'ordonne. Fuyez la société des hommes corrompus parmi lesquels toute vertu s'est éteinte, jusqu'au nom de Seigneur qu'ils ne connaissent plus. Vous seul le connaissez encore; vous seul le prononcez avec respect, et cette dernière étincelle du feu sacré n'a plus d'autre sanctuaire que votre cœur. Rallumez-la pour qu'elle devienne cet immense incendie qui doit embrâser toute la terre.

Et quelles sont en effet ces splendeurs étincelantes que j'aperçois dans le plus lointain des siècles? Quel est ce troisième monde qui surgit d'un acte d'obéissance? Moi-même, je me trouble à son aspect, trop éblouie que je suis de ma propre gloire. Je ne découvre plus rien que d'extraordinaire : des apparitions fréquentes du Très-Haut, un homme qui vit en société intime avec lui, un homme qui avec lui traite du salut de plusieurs villes coupables, un homme qui lui donne l'hospitalité, un homme qui a l'honneur de le voir s'asseoir à sa table, un homme qui marche l'égal des rois, ou plutôt leur vainqueur, un homme qui donne la dîme de ses dépouilles au grand-prêtre Melchisedech dont le sacrifice qu'il offre au Seigneur consiste tout simplement en du pain et du vin, un homme enfin qui se montre obéissant jusqu'à lever le glaive sur son fils unique, déjà lié au bûcher, parce que Dieu le veut ainsi, et qui, par cet acte sublime de foi et de soumission, mérite d'entendre dire d'une bouche divine, avec serment réitéré, qu'il deviendra le père d'un peuple nouveau, appelé le peuple de Dieu, et que de sa race, plus nombreuse que les étoiles, sortira un fils qui sera en même temps le Fils de Dieu, le maître de toutes choses, le chef des nations, le roi de toute la terre......, et cet homme est un de mes ancêtres, et il habite sous des tentes, et il a de grands troupeaux avec de nombreux serviteurs, et il aime tellement la paix qu'il se hâte de prévenir toute dispute entre ses pasteurs et ceux de Loth, le fils de son frère, et, toujours enrichi des bénédictions du ciel, il désire en enrichir les autres!......

Allez maintenant, arts divers, et devenez ce que vous pourrez. Faites fortune, si vous en trouvez l'occasion. Pour moi, la mienne est faite. Déjà grande en Adam, Abel, Noé et ses enfants, elle devient immense en Abraham, jusque-là qu'il semble que je n'aie plus rien à souhaiter.

Mais le connaissez-vous bien, cet Abraham dont je vous parle? Savez-vous sa divine vocation qui fait époque dans l'histoire du genre humain? L'avez-vous suivi dans ce pieux pélerinage où Dieu le conduit comme par la main? Vous êtes-vous arrêtés à le contempler quand, çà et là, il élève des autels au Seigneur? Et quand il y fait sa prière, l'avez-vous admiré dans son humble recueillement? Quelle foi! quel respect! quels hommages! quelle adoration! Le ciel ne semble-t-il pas envier à la terre des louanges si parfaites? Ce sont du moins les délices de Dieu d'en savourer l'agréable parfum, et ce sont encore le ciel et la terre, unis dans la création, qui s'unissent de nouveau dans la prière. Pardonnez si je prolonge cet entretien. Quand on a un Abraham pour aïeul, n'est-il pas naturel de se complaire au récit de ses actions?

Un tel père méritait donc d'avoir un fils digne de lui, qui, en continuant son genre de travail, se montrât l'héritier de ses vertus. C'est pourquoi paraissez, aimable Isaac, enfant de la promesse et de la bénédiction. Venez sur cette terre qui, loin d'être ingrate, vous sera saintement prodigue. Vous la cultiverez, et elle vous rendra au centuple. Ce sont les divines Ecritures qui vous le promettent (1). Ne craignez rien des enfants des hommes. Trop jaloux de votre bonheur, ils voudront le traverser par leur persécution. Mais, soutenu du Seigneur, vous triompherez partout de leurs attaques, et les puits creusés par votre père pour le service de ses troupeaux, vous les retrouverez tels qu'il voulait vous les laisser, quoique les Philistins les aient remplis de terre. Que l'un se nomme injustice, l'autre inimitié, à cause des querelles qu'ils vous suscitent, il en paraîtra un troisième que vous nommerez largeur, en disant : Le Seigneur nous a mis maintenant au large, en nous délivrant de nos ennemis, et nous faisant croître en biens sur la terre (2).

Mais comment ne pas dire quelque chose de votre union si privilégiée, comme modèle des alliances qui se contracteront dans mon empire? Un serviteur s'y montre qui, digne messager, relève par sa vertu la classe dont il fait partie. Allez donc en Mésopotamie, fidèle Eliézer, allez de la part d'Abraham, chercher une épouse à son fils Isaac, priant Dieu de vous la faire connaître. Oh! que je me plais à cette simplicité touchante! Que j'aime cette sainteté du serment! Le voyage s'achève, et la prière se fait avec confiance. L'on avait hâte de se rendre, pour

(1) Gen. 26. 12. — (2) Gen. 26. 22.

plus tôt remplir sa mission. Quelle arrivée! Quelle rencontre! Quelle coïncidence de l'événement avec la demande! Les chameaux étaient fatigués. Ils avaient besoin de se désaltérer, et voilà que tout-à-coup se présente, près du puits, une jeune fille qui vient y puiser de l'eau. Eliézer avait dit à Dieu : Que celle à qui je dirai : Baissez votre vaisseau, afin que je boive, et qui me répondra : Buvez, et je donnerai aussi à boire à vos chameaux, soit l'épouse que vous avez destinée à Isaac, votre serviteur, et je connaîtrai par là que vous aurez fait miséricorde à mon maître (1).

Toutes choses arrivent comme avait souhaité le fidèle messager, et c'est Rebecca, une aimable vierge, l'honneur du pays, la gloire de sa famille, qui, quoique riche, se fait la servante du serviteur. Elle-même puise l'eau, elle-même donne à boire aux chameaux, et, poussant encore plus loin la bonté, invite le voyageur à la suivre chez son père où il trouvera en abondance la nourriture pour ses animaux, et pour lui-même l'hospitalité la plus cordiale. On lui lave les pieds; on prend soin de ses chameaux; on prodigue tous les témoignages de la plus franche amitié, et c'est entre gens qui ne se sont jamais vus.

O naïveté du premier âge! ô simplicité des temps antiques! ô pureté des mœurs, et sincérité des relations! Délicieux tableaux de la vie patriarcale, je ne vous donne à personne. Vous m'appartenez, et je vous garde, comme illustrations vénérables de l'agriculture. Vous êtes mon blason que j'estime, ma noblesse dont je m'honore.

L'objet du voyage est indiqué. Quelle modestie de la demande! quelle innocence de la réponse! Comme Dieu qui a tout conduit se manifeste à la jeune

(1) Gen. 24, 14.

fiancée! Sa pudeur n'a rien à craindre, et l'honneur, toujours sauf, peut se confier à un guide qui, d'étranger, devient aussitôt ami de la famille. Les présents se montrent, comme sûrs d'être acceptés. Les pendants d'oreilles et les bracelets, les vases d'or et d'argent, les riches habits et les ornements de toutes sortes s'en vont modestement s'offrir à la jeune fille pour en être ennoblis, et le consentement qui se donne, dans toute la pureté de la foi, a déjà ratifié le mariage qui va suivre dans toute la chasteté de l'amour.

Partez, jeune Rebecca. Quittez la maison de votre père comme Abraham qui vous attend quitta lui-même la maison paternelle. Tous deux, vous ne partez que sous la conduite du Seigneur. Allez en toute confiance. Le voyage vous sera doux, l'arrivée plus encore. Vous verrez ce vénérable Patriarche dont la conversation se fait plus dans le ciel que sur la terre (1). Il vous a demandée au ciel qui, agréant son vœu, vous accorde à son fils. Ce digne fils, vous le verrez bientôt venir à votre rencontre, heureux de vous apercevoir, heureux de vous recevoir, heureux encore de vous conduire sous le toit paternel. Vous n'avez quitté un père qui vous aimait que pour en retrouver un autre qui ne vous aimera pas moins, et le sang qui s'est reconnu vous dit que vous êtes toujours en famille. Cet époux qui vient à vous, c'est le fils de votre oncle, pur comme lui, vertueux comme vous-même. Que le voile qui vous couvre ne s'effraie point de son approche. Entre vous deux se trouve le Seigneur qui, vous prenant les mains, les unit l'une à l'autre pour que votre mariage devienne le modèle des alliances futures. Ce sera votre gloire que, dans la suite des âges, aucune union ne se fera, chez le peuple de Dieu, où l'on ne célèbre la sainteté de la vôtre.

(1) Philip. 3. 20.

Et maintenant que vous avez pris possession de votre nouvelle demeure, devenez-y cette femme forte dont les divines Écritures se plairont à faire l'éloge. Que les occupations de la vie champêtre soient votre noble emploi. Donnez tous vos soins à la conservation de vos troupeaux. Entretenez dans votre maison, avec l'esprit du Seigneur, l'ordre, la paix, la justice, le respect, l'obéissance, l'amour du travail. Veillez à ce que vos serviteurs et servantes ne s'éloignent jamais de la ligne de leurs devoirs. Les affaires extérieures regardent le mari, mais celles de l'intérieur sont surtout pour l'épouse. Qu'il ne s'y fasse rien dont elle ne retienne la direction, et ces pieux exemples que vous donnerez, d'un accord parfait avec votre époux et d'une surveillance empressée dans votre maison, seront ce que les autres devront imiter à leur tour. Car, autant que l'agriculture s'honore des hommes vertueux qui lui appartiennent, autant s'applaudit-elle de toutes ces femmes vénérables qui assurent sa prospérité, en se sanctifiant elles-mêmes. Leur nombre que je vois se multipliant de plus en plus est heureux de remonter jusqu'à vous, illustre Rebecca, et moi-même je vous rends grâce de me donner tant et de si fidèles imitatrices de vos vertus. C'est par elles surtout que se conservera ma grandeur.

Mais quel appui vous me donnez encore dans ce fils que le Seigneur adopte préférablement à son frère! C'est votre bien-aimé, c'est aussi l'élu du Très-Haut. Il se nomme Jacob pour ensuite s'appeler Israël, à cause de cette victoire sur l'ange qu'il remportera dans un combat mystérieux, l'obligeant ainsi à le bénir. Et cette bénédiction divine s'ajoutera bientôt à celle que lui donnera son père mourant, quand il lui souhaitera la rosée du ciel avec la graisse de la terre. Lui aussi, il ira chercher une épouse en pays lointain, et, durant quatorze ans, il travaillera pour l'obtenir. Mais que ses longs travaux seront bien récompensés! Rachel en sera le prix, Rachel, digne compagne de Rebecca. A son école, elle apprendra ce que vaut la vertu, et quand la mère ne sera plus, sa pieuse bru saura la remplacer pour ce qui est de conduire la maison que d'ailleurs le Seigneur ne cessera de bénir. Jacob sera son fils non moins privilégié qu'Abraham et Isaac, et leur vie, à tous trois, sera si belle dans les travaux de la vie champêtre, leur foi si grande, leur piété si vraie, leur fidélité si sincère, leur vertu si sublime, que le Tout-Puissant se glorifiera d'être le Dieu d'Abraham, d'Isaac et de Jacob, qu'il prendra leurs noms, qu'il transportera ses promesses de l'un à l'autre, avec l'abondance de ses grâces, dans des apparitions fréquentes qui ne seront que pour eux seuls (1).

Je voudrais pouvoir continuer mon histoire dans toute l'allégresse qu'elle m'inspire. Mais voilà que je suis arrêtée tout-à-coup par les douze fils de Jacob que je rencontre sur ma route, et dont j'aurais beaucoup à vous dire, surtout de Juda, ce chef futur d'une royauté brillante. J'abrége donc pour aller de suite à Joseph, l'un des plus jeunes d'entr'eux. Avec lui, je quitte le pays de Chanaan pour arriver en Egypte où le bannit la cruauté de ses frères. Il m'est si cher que je ne puis le quitter d'un seul pas. J'entre dans sa prison, ce prix si honorable de son inviolable chasteté, et j'y demeure tant qu'il y reste lui-même. Voilà cependant qu'il en sort tout-à-coup pour monter sur le trône où je m'élève en même temps. L'agriculture sur le trône!... C'est peut-être nouveau pour quelques oreilles. Mais la suite de mon histoire m'a suffisamment accoutumée à ces honneurs.

(1) Ex. 3.-6.

Oui, l'agriculture sur le trône comme en son lieu naturel. Où brille davantage en effet la sagesse de Joseph? D'où lui vient sa plus glorieuse élévation? N'est-ce pas de cette prédiction fameuse qu'il fait de sept années d'abondance, suivies de sept années de disette? Je faisais donc sa grande préoccupation lorsqu'il était sur le trône. Je m'y tenais avec lui, je travaillais à ses côtés. Nous prenions ensemble les moyens d'enrichir l'Egypte. Je remplissais tous ses greniers de la surabondance de mes moissons, et par là je l'assurais de la paix publique, je soutenais son trône, j'affermissais sa puissance, j'augmentais son autorité, je lui donnais de plus en plus cette considération qui le rendait, après Pharaon, maître de tout le pays. On vivait par lui, on ne se mouvait que par lui seul. Mes épis n'avaient rien qui défigurât le trône dont ils étaient au contraire le plus bel ornement, et quand le roi lui-même, trop accablé par la foule, ne pouvait suffire aux cris qu'il entendait, il disait à tous ces affamés : *Ite ad Joseph*, allez à Joseph, allez à ce père nourricier, à cet homme de l'agriculture, à cet homme prévoyant, à celui qui a su préparer pour chacun le pain dont il a besoin. Je nourrissais tout le monde, les étrangers comme les autres, et j'étais, quand les fils de Jacob pressés par la famine, venaient à leur tour chercher le blé qu'ils ne trouvaient plus en Chanaan; oui, j'étais cette gerbe triomphante devant laquelle Joseph, dans un songe mystérieux, avait vu s'incliner respecteusement les gerbes de tous ses frères (1). Je présidais à cette entrevue si touchante de celui qui avait été vendu, et de ceux qui l'avaient sacrifié. Je m'attendrissais avec eux dans cette scène unique d'émotions fraternelles, de soupirs confondus, de larmes mélangées,

(1) Gen. 37. 7.

heureuse d'avoir été l'occasion d'une reconnaissance que je ne puis oublier. Je donnais à des frères repentants tout ce qu'ils désiraient. J'envoyais mes présents à Jacob dans une abondance qui l'étonnait, prenant ainsi plaisir à réjouir sa vieillesse trop longtemps gémissante.

Lui-même, lorsqu'il vint en Egypte, combien je fus aise de l'y recevoir! Avec quel bonheur je revis ce patriarche vénérable que j'avais connu en Chanaan! Qu'il me fut doux d'honorer ses cheveux sacrés qui avaient blanchi dans les travaux de l'agriculture! Je l'introduisis au pays de Gessen, comme le plus fertile de toute l'Egypte, et là je consolai ses anciennes douleurs, j'accrus ses troupeaux, je multipliai ses richesses. Tous ensemble, lui et sa famille, nous vécûmes longtemps dans les douceurs de cette paix que Joseph nous avait assurée.

Mais survint un autre Pharaon qui ne connaissait point ce sauveur de l'Egypte. Notre peuple trop nombreux, et nos richesses trop grandes lui inspirèrent de la jalousie. Il oublia ses propres intérêts jusqu'à nous persécuter cruellement. Troublant nos paisibles occupations, il voulut nous employer à des travaux qui n'étaient pas de notre ressort. Longtemps il nous tint dans un dur esclavage, jusque-là que, poussés à bout, il nous fallut crier vers le ciel. Dieu entendit la voix de nos larmes. Il eut compassion de notre détresse, et dans sa miséricorde il résolut de nous secourir; un libérateur nous fut donc envoyé.

Voyez-vous dans le lointain s'avancer d'un pas ferme cet homme qui prend le chemin de l'Egypte? En lui remarquez deux choses : ce qu'il laisse, et le lieu d'où il part. Ce qu'il laisse, c'est sa houlette; le lieu d'où il part, c'est le mont Horeb. Jusque-là, ce n'est qu'un berger occupé à paître les troupeaux de son beau-père Jethro. Mais il vient de les conduire au pied d'une montagne où se manifeste à ses yeux le prodige du buisson ardent (1). Du milieu des flammes, une voix l'appelle qui est celle du Seigneur, lui commandant d'aller en Egypte délivrer son peuple. Il obéit aussitôt, et le voilà qui s'avance, le voilà qui arrive, au lieu d'une houlette tenant en main une baguette toute-puissante. Lui-même sauvé des eaux, il vient nous sauver d'une affreuse servitude. Moïse est son nom, le palais du roi, l'endroit où il se rend directement.

Je ne vous dirai point l'entrevue de ce roi et de ce berger; je ne vous raconterai point les refus de l'un ni les miracles de l'autre; je ne vous montrerai point les dix plaies de l'Egypte; je ne vous arrêterai point sur les cadavres de tous les premiers-nés, le fils du monarque comme celui du pauvre; je ne vous ferai point remarquer l'agneau pascal dont le sang protége contre les coups de l'ange exterminateur les maisons des Hébreux qui en sont empreintes; je ne vous conduirai point dans le désert, à la clarté de la colonne miraculeuse; je ne descendrai point avec vous dans les abîmes de la mer Rouge, entr'ouverts tout-à-coup pour donner passage au peuple de Dieu; je ne vous rappellerai non plus, ni l'eau sortant du rocher, ni la manne tombant du ciel, ni les cailles remplissant tout le camp.

Qu'il me suffise de vous dire qu'une promesse m'est faite, celle d'une terre sainte, où coulent des ruisseaux de lait et de miel, et dans laquelle je dois paraître avec tout l'éclat de ma fécondité, Que ce soit assez de vous observer que j'y tends résolument, au milieu des plus grands miracles, et conduite par cet aïeul qui, avec Abraham, Isaac, Jacob et Joseph, se montre si bien l'homme de Dieu.

(1) Ex. 3. 2.

Néanmoins, dans le voyage, il est un lieu où j tiens à vous arrêter. C'est cette montagne du Sina près de laquelle nous venons d'arriver. Ici, il fau camper pour assister aux événements merveilleu qui vont se produire. Moïse n'est plus pasteur de troupeaux, quoique toujours de ma famille. Il e conducteur d'un grand peuple, et le même Dieu qu l'appela naguère au pied du mont Horeb l'appell aujourd'hui au sommet du Sinaï. Que les feux dor brûle la montagne ne vous effraient pas, ni le éclairs qui étincellent, ni les tonnerres qui gron dent, ni les torrents de fumée qui s'élèvent. Tou ces phénomènes ne sont que pour annoncer l'arr vée du Très-Haut. Le voilà qui descend des hau teurs du ciel dans un nuage lumineux, et Moïse cet humble berger, est invité à monter sur la mo tagne pour entrer avec lui dans la nuée qui les e veloppe. Que se passe-il dans cette entrevue?... Bie des choses extraordinaires. Toute une législatio s'élabore où j'ai ma grande part, comme je l'ava à la création du monde. L'agriculture n'y est poi oubliée. Mes champs y trouvent leur place po avoir leur temps de production et leur temps c repos. Ils y paraissent comme biens de famille q doivent faire retour au propriétaire après un ce tain nombre d'années. C'est donc, dès le princip la famille qui se distingue des autres par le s qu'elle occupe. Le sol et la famille, c'est tout un, c'est ainsi le droit de propriété consacré par ur main divine, non-seulement dans le command ment qui dit : Bien d'autrui ne prendras, ni ne re tiendras à ton escient, mais encore dans l'obligatio de rendre au vendeur, à terme fixe, le terrain qu' a concédé. La famille tient au sol, le sol tient à famille, en sorte que ce sont entr'eux les lie mêmes de la parenté. Tels que des enfants, m champs peuvent s'éloigner, sans que la famil toutefois perde le droit de les rappeler comme lui appartenant en propre, et faisant partie nécessaire de son domaine. Ainsi se formeront les contrats de ventes et d'achats. Ce sera la distinction des familles dans un même peuple, de même qu'autrefois c'était la séparation des peuples entr'eux, lorsque chacun s'en allait de son côté avec son langage divers et ses instincts particuliers. Par là, l'agriculture viendra en aide à toutes les familles, établira leur sécurité, préviendra les divisions, empêchera les troubles, s'opposera aux prétentions injustes, arrêtera les envahissements coupables, maintiendra la paix générale. Ce ne sera pas un seul qui aura tout, ce seront tous au contraire qui posséderont quelque chose. Un frein puissant sera donné à la cupidité, et si quelques-uns tentent de dépouiller leurs voisins, la loi agraire criera contr'eux, cette loi si sage dans ses dispositions, si imposante dans ses obligations. Ce qu'il recevra, chacun sera tenu de le conserver précieusement, envers et contre tous, fût-ce le fils du roi, ou le roi lui-même qui voulût s'en emparer. Ce sera pour les enfants un moyen de voir revivre leurs pères, dans ce domaine qu'ils auront longtemps cultivé, et qu'ils leur auront laissé comme un doux souvenir sur cette terre que le Seigneur a sanctifiée. D'où il résultera que l'héritage des aïeux aura quelque chose de sacré qui fera comme un culte de la vigilance à le conserver, ainsi que des soins à lui donner. Toutes les passions mauvaises s'en trouveront comprimées, en même temps que toutes les vertus en seront plus excitées : l'amour des ancêtres, l'ardeur du travail, la modération des désirs, l'esprit de justice, le respect de la loi, la crainte du Seigneur. Il en sera de la terre comme de l'air. Quelques privilégiés n'absorbent pas celui-ci au détriment des autres. De même, on ne verra pas quelques envahisseurs absorber toute la terre pour que les autres n'aient rien. La communauté s'établira, mais une communauté parfaitement réglée, bienveillante et toute fraternelle, où l'union ne cessera d'apparaître, et dans laquelle Dieu tiendra toujours à se montrer le Père commun des hommes. Ce sera sa volonté que tous ses enfants soient, jusqu'à un certain point, égaux dans la possession comme ils le sont dans l'origine.

Le principe est donc posé. Chacun aura son champ qu'il devra transmettre à ses descendants. Sans doute ce champ pourra être plus ou moins grand; mais cependant il ne dépassera point les bornes qui lui sont assignées, et celui qui le cultivera le mieux en sera récompensé par des bénédictions précieuses qui seront préférables à tout agrandissemont de terrain. Il aura l'abondance, la considération, l'estime de son peuple, avec le regard favorable du ciel, et ce lui sera une douce joie comme un honneur véritable de laisser glaner en son champ ceux-là qui auront moins reçu. Car la loi divine s'occupe du pauvre comme du riche. Si elle assure à celui-ci la possession paisible de son héritage, elle permet à celui-là d'aller ramasser les épis dispersés, ou les raisins qui restent après la vendange (1). Elle pourvoit à tout parce qu'elle est équitable, et qu'elle veut, avec le sentiment de la justice, faire régner celui de la charité.

C'en est assez pour ce qui me regarde. Et devais-je m'attendre à tant d'honneur? Un code d'agriculture donné par Dieu lui-même!... Voilà son peuple qui se forme. Il le constitue en nation, distincte de toutes les autres, et c'est l'agriculture, c'est moi-même qu'il appelle pour l'aider dans ce travail si important. Il veut, en moi, et par moi, donner une base solide à son œuvre. En même temps qu'il l'af-

(1) Lev. 19, 10.

fermit sur la loi religieuse et morale, il la consolide aussi par le commandement agricole. Je lui apporte mon contingent de force, de paix et de sécurité, ou plutôt je donne lieu à la manifestation de son plan, lorsque, dès le commencement, il tenait à ce que l'homme cultivât la terre, voulant que son bras se tournât vers elle, en même temps que son cœur dût s'élever au ciel, et leur marquant ainsi leur destination naturelle. Le ciel se réfléchissait en terre pendant le travail de l'homme, et quand il se reposait, la terre lui offrait son image dans le ciel où elle apprenait peu à peu à devenir un jour cette terre des vivants que célèbrent les divines Ecritures (1).

Et qu'est-ce encore qu'un jardin limité? Quel est ce roi de la terre renfermé dans une étroite enceinte? Un roi qui ne connaît pas ses états, qui ne peut les parcourir, qui n'en verra jamais que la moindre partie! Un roi-laboureur attaché à un tout petit coin de terre! Mais qu'il le sache bien : s'il est roi, c'est par l'intelligence et non par le sol. Ce sol lui-même qu'il doit labourer lui dira qu'il ne doit pas porter plus loin ses prétentions, et que c'est assez pour lui de régner par son âme. Aussi rien de plus pacifique que la terre quand on sait l'apprécier, comme rien de plus orageux quand on ne la connaît pas. La paix et la guerre sortent de ses entrailles. Ici, c'est un paradis, ailleurs, un volcan. Voyez cet homme qui sait borner ses désirs à son champ; rien ne trouble sa paix. Voyez cet autre qui, peu satisfait de ce qu'il a, veut augmenter son domaine; jamais il ne s'arrête; il va, il vient, il s'agite, et l'inquiétude le suit partout. Les guerres ne viennent le plus souvent que du désir de s'agrandir. Tant ils sont rares les rois qui, dans leurs

(1) Apoc. 21. 1.

petits états, savent opérer de grandes choses par l'intelligence du bien qu'ils peuvent faire à leurs sujets! L'amour de leur peuple, et non l'ambition, occupe toute leur âme, et ils se trouvent toujours assez puissants, s'ils sont assez vertueux.

Là donc, dans cette soif de posséder, n'est point l'esprit de Dieu qui a traité son peuple comme il a traité le premier homme : des limites, des barrières, un camp rétréci, le peuple à l'étroit. Nulle conquête. Se défendre, mais non s'agrandir. Repousser les nations idolâtres, mais non envahir leur terrain. Des commandements sévères pour empêcher tout empiétement. Un champ clos pour y tenir la famille renfermée, et, par elle, le peuple tout entier. L'agriculture s'opposant comme la loi à toute expansion au dehors, et, moyennant ces conditions, le peuple de Dieu parfaitement heureux tant qu'il est religieux. Que ne lui dit pas la terre? N'a-t-elle pas son sabbat qui est la septième année, et dans laquelle il ne peut ni ensemencer ni moissonner (1)? Comme celui qui la cultive, ne doit-elle pas à sa manière honorer le repos du Seigneur? Elle se reposera donc pour dire qu'il est des moments où l'on doit la laisser à elle-même, à son recueillement, à son culte, à ses devoirs envers le Très-Haut qui a mis en elle comme dans l'homme le sentiment du respect. Quoi de plus moral, quoi de plus glorieux pour l'agriculture dont Dieu a fait un personnage tenu de le glorifier, surtout à certaines époques? Si, dans l'année sabbatique, l'homme ne peut cultiver son champ, à plus forte raison ne peut-il, pour l'envahir, porter sur le champ de son voisin un pied téméraire. C'est plus que jamais le temps d'arrêt pour la convoitise. Soit donc qu'elle commande le travail, soit qu'elle l'interdise, l'agriculture se

(1) Lev. 25. 4.

montre vénérable dans ses dispositions, et le Jubilé qu'elle proclame est le jour de la liberté pour ses champs qui doivent retourner à leur premier maître comme pour les serviteurs qui s'en vont sortir d'esclavage. Un Jubilé à la cinquantième année, un Jubilé qui sert à régler les contrats, un Jubilé qui marque la délivrance des captifs, mais c'est la loi sainte imprimée jusque dans les entrailles du sol! Oh! comme l'agriculture, sous Moïse, entre avec honneur dans l'administration de son peuple! Qu'il est beau, le rôle qu'elle y joue! Aux familles devenues indigentes n'offre-t-elle pas, dans un avenir prochain, l'héritage qui les doit consoler? Par là, tout ne se rétablit-il pas, et l'équilibre, un moment rompu, ne reprend-il pas son premier état? N'est-ce pas pour chacun comme une renaissance assurée dans ces biens qu'il recouvre?

Oui, la famille s'en affermit de nouveau. L'état en devient plus fort. La paix générale en est plus certaine. Le Jubilé ramène la pensée de Dieu, et sa loi si parfaite, et sa sagesse si grande, et sa providence si admirable. Tout se repose dans la contemplation de ses œuvres, et, après ce repos momentané, tout retourne à sa mission, mais avec calme, avec respect, avec obéissance, pour mieux faire encore, dans l'époque qui commence, que dans celle qui vient de finir. C'est ainsi que Dieu conduit son peuple, en s'aidant de l'agriculture qui donne aux hommes le pain dont ils ont besoin, comme aux autels les victimes qu'ils réclament. Vie du corps, vie de l'âme, elle intervient pour les deux, et c'est la méconnaître que de ne pas applaudir aux rapports qu'elle ne cesse d'avoir avec la religion.

Voilà donc comme se déroule ma généalogie, dans tout l'éclat des personnes, des temps, des lieux et des choses. Rien de grand dans l'univers à quoi je ne touche par quelqu'endroit. Je brille en terre sainte, comme je resplendis au Sinaï d'où je descends majestueusement, avec le sacerdoce de l'ancienne loi, le culte du Seigneur régulièrement établi, le sang des sacrifices dont je dois entretenir la source, les pains de proposition que je formerai de mes premiers épis, la dignité de la tribu de Lévi que je continuerai sous une loi plus parfaite. Car il est deux sacerdoces qui se remplaceront l'un par l'autre, celui d'Aaron par celui de Jésus-Christ, à qui je donnerai l'élite de mes enfants. Ils ne paraissent pas encore. Mais, quand le moment sera venu, je leur dirai à mon tour : Croissez et multipliez, et remplissez la terre. Allez, mes fils, enseignez toutes les nations. Le temps n'est plus où le culte de Dieu se trouvait circonscrit dans un camp, ou tout au plus dans une étroite région. C'est dans l'univers entier que le Seigneur veut être désormais connu, servi, aimé et adoré. Allez donc, nourrissons des campagnes, enfants de l'agriculture, allez porter son nom aux contrées les plus éloignées. De toutes parts, bâtissez-lui des églises, à la place de ce temple unique qu'il avait à Jérusalem. Qu'elle se retrouve partout, cette Jérusalem, sa patrie, non pas celle qui l'a condamné à mort, mais celle qui l'a glorifié, en le recevant comme son roi, cette sainte Jérusalem d'ici-bas, sœur de la Jérusalem d'en haut. Que ses fondements soient toujours les douze Apôtres, sur lesquels vous continuerez d'élever l'édifice religieux. Que ses murs soient de saphir, et ses portes autant de pierres précieuses. Que sa lumière soit la lumière même du Seigneur qui l'éclairera de sa vérité, en la fortifiant de sa grâce (1).

Mais où m'emportent les splendeurs de l'avenir ? Je dois m'occuper de mes aïeux, et voilà que je

(1) Apoc. 18. 23.

parle de mes enfants. Revenons donc à cette généalogie trop longtemps interrompue. Revenons à Moïse, cet anneau si brillant d'une chaîne éblouissante.

Il m'a donné ma constitution que j'ai toujours conservée, faisant avec elle la sécurité de son peuple, durant les quarante années qu'il a passées dans le désert. Hélas! oui, c'était un désert, et même un désert affreux. Mais j'ai su l'embellir, afin de mieux apprendre à ce peuple trop souvent endurci ce que je ferais pour lui dans une terre meilleure. Elle lui était promise comme à moi, et tous deux ensemble nous nous acheminions, quoique lentement, vers cette terre de bénédiction, sous la conduite de notre chef commun. Quelle ne fut pas sa douleur de n'y pouvoir entrer! Il ne lui fut donné que de la saluer de loin, et puis il disparut. Ce salut d'arrivée devant la terre promise fut en même temps celui du départ, après quoi Dieu lui-même se chargea de choisir vers la montagne un tombeau pour son serviteur, mais tombeau resté inconnu à tout le monde. Tant cet homme devait être remarquable, et dans sa vie, et dans sa mort!

Adieu donc, illustre aïeul, vous, l'honneur de l'agriculture, et son législateur le plus profond. Adieu, vénérable chef d'un peuple privilégié. Trois fois adieu, digne ministre du Très-Haut. Reposez en paix dans le tombeau que le Seigneur vous a fait. Il fit aussi celui des Egyptiens. Mais quelle différence de l'un à l'autre! Le sépulcre de ces idolâtres, il le creusa dans les profondeurs de la mer Rouge, au lieu qu'il a placé le vôtre tout près de la montagne, comme pour y continuer votre gloire par-delà tous les oublis de la mort. A quelqu'époque en effet que l'on vous considère, vous êtes partout, ô Moïse, l'homme de la montagne, c'est-à-dire l'homme de la grandeur, de l'élévation, du mystère, des pensées magnanimes, des œuvres étonnantes, des institutions merveilleuses, le premier des écrivains, pour le temps comme pour le mérite. Horeb, Sinaï et Nébo vous sont connus. L'un est votre berceau dans la vie des choses extraordinaires; l'autre, votre trône de gloire où vous êtes assis, près de Dieu, dans la maturité de votre âge; le troisième, votre tombeau à jamais célèbre. De là, de tous ces sommets élevés, vous planez dans l'immensité, et découvrez tous les temps. Vos regards, à qui rien n'échappe, nous disent ensuite ce qu'ils ont aperçu. Faut-il à la création un chantre qui sache s'élever à toute sa hauteur?—C'est vous-même. Le genre humain demande-t-il un auteur qui lui raconte son histoire dans toute sa vérité? — Vous apparaissez pour la lui dire, dès son premier principe. La famille de Jacob, devenue un grand peuple, a-t-elle besoin d'une constitution religieuse, morale, civile et politique? — Vous êtes là pour la lui donner. Intermédiaire entre Dieu et les hommes, vous recevez de l'un pour transmettre aux autres, et la société que vous établissez devient le modèle des sociétés futures. Tout vous est familier, les plus sublimes conceptions comme les moindres détails. Vous prévoyez tout, et votre législation qui porte sur tant de points divers sort parfaite de votre pensée, dès son premier jet. Stable comme la parole de Dieu, il n'y aura rien à lui ajouter, ni rien à en retrancher, et comme vous êtes le législateur par excellence, vous êtes aussi l'admirable consécrateur. *C'est* vous même qui répandez l'huile sainte sur la tête du grand-prêtre, qui désignez les vêtements sacerdotaux, qui construisez l'arche sainte, qui dressez les autels, qui tracez les limites du sanctuaire, qui établissez le culte de Dieu, qui fixez le genre des sacrifices, et l'ordre qu'il y faut suivre, et le lieu pour les offrir, et le temps de les célébrer.

O Moïse, toutes les gloires vous sont acquises, dont le rejaillissement qui vient jusqu'à moi ne me permet pas d'y rester indifférente. Non jamais l'agriculture ne vous oubliera. Parmi les grands noms dont elle s'honore, toujours le vôtre sera l'un des plus illustres. Qu'ils viennent donc les autres arts; qu'ils s'arment contre moi de toutes les forces de leur génie; je ne crains point leurs attaques, et je vous oppose à leurs coups, comme le Seigneur, pour sauver son peuple, vous opposait à ses ennemis. D'ailleurs ces mêmes arts ne se détruisent-ils pas par eux-mêmes? Si j'ai bien suivi mon histoire, dans les archives sacrées qui la renferment, n'ai-je pas vu que les arts ont été la source de l'idolâtrie? N'ont-ils pas sculpté des figures qui n'étaient que néant? N'ont-ils pas offert à ces vaines idoles des hommages qui n'étaient dûs qu'à Dieu, en leur demandant ce que lui seul peut accorder (1)?

Pendant qu'ils s'égaraient dans leurs voies, je continuais ma route où partout je trouvais, comme aïeux, les plus fidèles serviteurs du Très-Haut. Avec eux, je l'honorais. Je le remerciais avec eux de tout ce qu'il a fait de grand pour l'agriculture, et par l'agriculture. Maintenant je m'arrête dans mon récit, mais pour le reprendre bientôt avec ces nouvelles splendeurs dont ne cessera de m'environner le Dieu de la création.

(1) Sap. 13. 11.

TABLE.

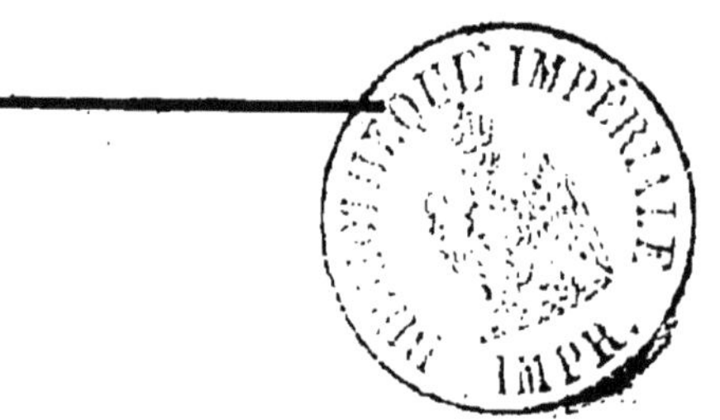

www.ingramcontent.com/pod-product-compliance
Ingram Content Group UK Ltd.
Pitfield, Milton Keynes, MK11 3LW, UK
UKHW022121260726
13993UKWH00003B/1151